한국산업인력공단 새 공개문제에 따른

46 실기합격노트

제과제빵산업기사
제과제빵기능사

월간 파티시에 저

BnCworld

46 실기합격노트

저자	월간 파티시에
발행인	장상원
편집인	이명원

2025~2026년판 2025년 3월 20일
발행처 (주)비앤씨월드
출판등록 1994. 1. 21. 제16-818호
주소 서울특별시 강남구 선릉로 132길 3-6 서원빌딩 3층
전화 (02)547-5233　팩스 (02)549-5235
홈페이지 www.bncworld.co.kr
ISBN 978-89-88274-67-5　93590

값은 뒤표지에 있습니다.

책 머리에

국민 소득의 향상이 삶의 질 추구로 이어지면서 식문화 또한 놀라울 만큼 다양하게 발전하고 있습니다. 제과제빵분야도 예외는 아니어서 국경 없는 식문화의 선두 주자로 끊임없이 발전하고 있습니다. 이러한 시기에 무한한 가능성이 있고 세계 공통의 자격증이라 할 수 있는 제과제빵기능사 자격증을 취득하는 것은 전문 고급 인력으로 다가가는 중요한 관문이라 할 수 있습니다. 뿐만 아니라 국가기능자격증은 이제 개인의 기능자격을 넘어 하나의 트렌드가 되었고, 각자의 경쟁력 확장에 없어서는 안 될 중요한 수단이 되었습니다.

그러나 최근 들어 제과제빵기능 관련 자격증 응시자의 증가에도 불구하고 잘 정리된 실기교재가 없어 응시생들이 어려움을 겪어왔습니다. 이러한 점을 안타깝게 여겨 일선교수진들이 그동안 제과제빵 전문 인재 양성을 하면서 얻은 경험과 노하우를 바탕으로 만든 제과제빵기능사 실기시험 비법 노트를 공개하게 되었습니다.

「실기합격노트」는 제과제빵산업기사와 제과제빵기능사 실기시험 품목들을 철저히 분석한 후 만드는 법과 포인트를 각 품목마다 알기 쉽게 설명해 놓아 누구라도 빠른 시간 내에 실기습득이 가능하도록 꾸몄습니다. 특히 각 품목별 유의사항 등을 자세하게 명시하여 실기시험에 100% 완벽대비 할 수 있도록 하였습니다.
이 「실기합격노트」 한 권으로 독자 여러분은 짧은 시간 안에 제과제빵산업기사와 제과제빵기능사 기능검정 실기시험을 완벽하게 준비할 수 있을 것으로 확신하는 바입니다.

끝으로 이 책을 내기까지 여러 도움을 주신 분들께 감사드리며, 제과제빵업계에 본격적으로 입문하려는 여러분들의 앞날에 밝은 미래가 펼쳐지기를 기원합니다.

발행인 장 상 원

국가기술자격증 시험 안내사항 ·················· 006
제빵산업기사 실기검정 취득 길라잡이········· 011
제과산업기사 실기검정 취득 길라잡이········· 011
제빵기능사 실기검정 취득 길라잡이··········· 012
제과기능사 실기검정 취득 길라잡이 ·········· 014
제빵 이론 ····································· 016
제과 이론 ····································· 025

제과제빵산업기사편

제빵산업기사 실기

잉글리시 머핀 ································ 032
화이트 크림빵 ································ 035
호두 건포도 빵 ······························ 038

제과산업기사 실기

아몬드 제누아즈 ······························ 042
비스퀴 아 라 퀴이에르 ························ 045
비스퀴 드 사보아 ····························· 048

제빵기능사편

제빵기능사 실기

식빵 ··· 052
우유식빵 ····································· 055
옥수수 식빵 ·································· 058
풀만 식빵 ·····································061
버터 톱 식빵 ································· 064
밤 식빵 ······································ 067
쌀 식빵 ······································ 070
호밀빵 ······································· 073
버터롤 ······································· 076
단과자빵(트위스트형) ························· 079
소보로빵 ····································· 082
단과자빵(크림빵) ····························· 085
스위트 롤 ···································· 088
단팥빵 ······································· 091
모카빵 ······································· 094
통밀빵 ······································· 097

베이글 ···················· 100
빵 도넛 ···················· 103
소시지빵 ···················· 106
그리시니 ···················· 109

제과기능사편

제과기능사 실기

시퐁 케이크 ···················· 114
젤리 롤 케이크 ···················· 117
소프트 롤 케이크 ···················· 120
초코 롤 케이크 ···················· 123
흑미 롤 케이크 ···················· 126
타르트 ···················· 129
버터 스펀지 케이크(공립법) ···················· 132
버터 스펀지 케이크(별립법) ···················· 135
파운드 케이크 ···················· 137
과일 케이크 ···················· 140
치즈 케이크 ···················· 143
호두파이 ···················· 146
초코 머핀 ···················· 149
마데라 컵케이크 ···················· 152
슈 ···················· 155
다쿠아즈 ···················· 158
마들렌 ···················· 161
브라우니 ···················· 164
쇼트 브레드 쿠키 ···················· 167
버터 쿠키 ···················· 170

제빵산업기사 실기 출제기준 ···················· 174
제과산업기사 실기 출제기준 ···················· 180
제빵기능사 실기 출제기준 ···················· 186
제과기능사 실기 출제기준 ···················· 191

● 개요

제과제빵에 관한 숙련기능을 가지고 제과와 관련되는 업무를 수행할 수 있는 능력을 가진 전문인력을 양성하고자 자격제도 제정
- **시행처** : 한국산업인력공단
- **시행처 홈페이지** : www.q-net.or.kr

	필기	실기	비고
시험과목	과자류, 빵류 재료, 제조 및 위생 관리	제과제빵 실무	
검정방법	객관식 4지 택일형, 60문항(60분)	작업형(2~4시간 정도)	
합격기준	100점 만점에 60점 이상		국가직무능력표준 (NCS)을 활용하여 현장직무중심으로 개편
응시자격	**제과제빵산업기사** 관련학과 전문대 졸업자 및 졸업예정자 기능사 자격 취득 후 1년 이상 현장 근무자 해당 교육기관에서 소정의 과정을 이수한 자 **제과제빵기능사** 자격제한 없음		

● 응시 절차

1	**필기 원서접수**	큐넷 홈페이지(www.q-net.or.kr)에 로그인 한 후 세부내용 확인하고 필기 접수기간 내 수험원서 온라인(인터넷, 모바일앱) 제출
		사진(6개월 이내 촬영한 3×4㎝ 칼라사진, 상반신 정면, 탈모, 무배경), 수수료 전자결제
		시험장소 본인 선택(선착순)
2	**필기시험**	수험표, 신분증, 컴퓨터 기반 시험(CBT) 방식
3	**합격자 발표**	온라인 합격 확인(마이페이지 등)
4	**실기 원서접수**	큐넷 홈페이지(www.q-net.or.kr)에 로그인 한 후 세부내용 확인하고 실기 접수기간 내 수험원서 온라인(인터넷, 모바일앱) 제출
		사진(6개월 이내 촬영한 3x4㎝ 칼라사진, 상반신 정면, 탈모, 무배경), 수수료 전자결제
		시험 일시, 장소, 본인 선택(선착순)
5	**실기시험**	수험표, 신분증, 필기구 지참
6	**최종 합격자 발표**	온라인 합격 확인(마이페이지 등)
7	**자격증 발급**	(인터넷)공인인증 등을 통한 발급, 택배 가능
		(방문수령)여권규격사진 및 신분확인서류

● 상시 실기시험 안내 사항

01 실기시험은 접수인원 및 시험장 현황(외부 시험장 포함) 등을 감안하여 소속기관별로 종목별·일자별 시행계획을 수립하여 실시. 소속기관별 상시검정 실기시행종목은 홈페이지(http://q-net.or.kr) 별도 공고

02 합격자 발표
- **발표일자**
  - 필기시험(CBT) : 필기시험 응시일
  - 실기시험 : 회별 발표일 별도 지정
- **발표방법**
  - 인터넷 : 원서접수 홈페이지(http://q-net.or.kr)
  - 전 화 : ARS 자동응답전화(TEL. 1666-0100)

03 기타 변경사항
- 종목별 실기시험 시행일정을 격주단위 시행으로 통합
  미용사(일반), 제과·제빵 등 6종목 실기시험의 격주단위 시행 도입 결과, 수험자 만족도가 높고, 시행일정 관리가 용이함에 따라 아래와 같이 실기 시험 시행일정 통합·개편 실시
- 작업형 실기시험 1부 시작시간 조정
  수험자 불편 해소(중식시간 확보 등) 및 실기시험장의 유연한 운영을 위해 작업형 실기시험 1부 시작시간을 30분 앞으로 조정 (기존) 09:30 → (개편) 09:00

※ 공개문제 검색 방법 : Q-net 홈페이지 → 고객지원 → 자료실 → 공개문제 → "종목명" 입력 후 검색

● 수험자 지참 준비물 목록 (실기)

번호	재료명	규격	단위	수량	비고
1	계산기	휴대용	ea	1	필요 시 지참
2	고무주걱	중	ea	1	제과용
3	국자	소	ea	1	
4	나무주걱	제과용, 중형	ea	1	제과용
5	마스크	일반용	ea	1	마스크 미 사용시 실격
6	보자기	면(60×60cm)	장	1	
7	분무기		ea	1	제과제빵용
8	붓		ea	1	제과제빵용
9	스쿱	재료계량용	ea	1	재료계량 용도의 소도구 지참 (스쿱, 계량컵, 주걱, 국자, 쟁반, 기타 용기 등 사용가능)
10	오븐장갑	제과제빵용	컬레	1	
11	온도계	제과제빵용	ea	1	유리제품 제외
12	용기(스텐 또는 플라스틱)		ea	1	스테인리스볼, 플라스틱용기 등 필요 시 지참 (수량 제한 없음)

13	위생모	흰색	ea	1	미 착용시 실격
14	위생복	흰색(상하의)	벌	1	미 착용시 실격
15	자	문방구용(30~50㎝)	set	1	
16	작업화		ea	1	기관표식이 없는 것
17	저울				
18	주걱	제빵용, 소형	ea	1	제빵용
19	짤주머니		ea	1	* 필수지참 모양깍지는 별, 원형, 납작톱니 모양이 구비되어 있으나 수험생 별도 지참도 가능
20	커터칼	조리용	ea	1	
21	행주	면	ea	1	
22	흑색 또는 청색 필기구	필기용(연필제외)	ea	1	

● 위생 세부 기준 상세 안내

순번	구분	세부 기준
1	위생복	• 기관 및 성명 등의 표식이 없을 것 • 상의 : 「흰색 위생 상의」 　– 소매 길이는 팔꿈치가 덮이는 길이 이상의 7부·9부·긴팔 착용 　– 팔꿈치 길이보다 짧은 소매는 작업 안전상 금지, 부적합할 경우 위생 점수 전체 0점 　– 7부·9부 착용 시 수험자 필요에 따라 흰색 팔토시 사용 가능 　– 상의 여밈은 위생복에 부착된 것이어야 하며, 벨크로(일명 찍찍이), 위생복 단추의 크기, 색상, 　　디자인은 제한이 없음(단, 금속성 부착물·뱃지, 핀 등은 금지) • 하의 : 「흰색 긴바지 위생복」 또는 「긴바지와 흰색 앞치마」 　– 흰색 앞치마 착용 시 앞치마 길이는 무릎 아래까지 덮이는 길이일 것. 바지의 색상·재질은 　　무관하나 부직포·비닐 등 화재에 취약한 재질이 아닐 것. '금속성 부착물·뱃지·핀', '반바지· 　　짧은 치마·폭넓은 바지' 등 안전과 작업에 방해가 되는 경우는 위생 점수 전체 0점
2	위생모	• 기관 및 성명 등의 표식이 없을 것 • 흰색 머릿수건(손수건)은 머리카락 및 이물에 의한 오염 방지를 위해 착용 금지 • 일반 제과점에서 통용되는 위생모(모자의 크기 및 길이, 면 또는 부직포, 나일론 등의 재질은 무관)

[위생복, 위생모 착용에 대한 채점 기준]
　① 위생복, 위생모 중 한 가지라도 미착용일 경우 → 실격(채점 대상 제외)
　② 평상복(흰 티셔츠·와이셔츠), 패션 모자(흰 털모자, 비니, 야구모자 등)를 착용한 경우 → 실격(채점 대상 제외)
　③ 유색의 "위생복, 위생모, 팔토시" 착용한 경우 → 위생 점수 전체 0점
　④ 테두리, 가장자리 등 일부 유색인 위생복 착용한 경우, 단추에 특수 표식(특정 기관명, 마크·앰블럼·CI 등)이
　　있을 경우(청테이프 등으로 표식이 가려지지 않는 경우) → 위생 점수 전체 0점

⑤ 제과용·식품 가공용 위생복이 아니며, 위의 위생복 기준에 적합하지 않은 위생 복장인 경우
   (화재에 취약한 재질 및 실험복 형태의 영양사·실험용 가운) → 위생 점수 전체 0점
⑥ 위생모가 뚫려있어 머리카락이 보이거나, 수건 등으로 감싸 바느질 마감처리가 되어있지 않고 풀어지기 쉬워
   일반 제과제빵 작업용으로 부적합한 경우 → 위생 점수 전체 0점
⑦ 제과제빵·조리도구에 이물질(예,테이프)부착 금지 → 위생 점수 전체 0점
  * 반드시 특수 표식이나 무늬, 그림이 없는 흰색 위생복 착용

3	마스크	• 침액 오염 방지용으로 종류는 제한하지 않음. 미착용 → 실격(채점 대상 제외) ('투명 위생 플라스틱 입가리개' 허용)

4	위생화
	또는
	작업화
		• 기관 및 성명 등의 표식 없을 것
		• 색상 무관
		• 조리화, 위생화, 작업화, 발등이 덮이는 깨끗한 운동화 등 가능
		  (단, 발가락, 발등, 발뒤꿈치가 모두 덮일 것)
		• 미끄러짐 및 화상의 위험이 있는 슬리퍼류, 작업에 방해가 되는 굽이 높은 구두, 속 굽 있는
		  운동화가 아닐 것

5	장신구	• 일체의 개인용 장신구 착용 금지(단, 위생모 고정을 위한 머리핀은 허용) • 손목시계, 반지, 귀걸이, 목걸이, 팔찌 등 이물, 교차오염 등의 식품위생을 위해 장신구는 착용하지 않을 것
6	두발	• 단정하고 청결할 것 • 머리카락이 길 경우, 머리카락이 흘러내리지 않도록 단정히 묶거나 머리망 착용할 것
7	손/손톱	• 상처가 없어야하나 상처가 있을 경우 보이지 않도록 할 것(시험위원 확인 하에 추가 조치 가능) • 길지 않고 청결해야 하며 매니큐어, 인조손톱부착을 하지 않을 것

8	위생관리	• 재료, 조리기구 등 조리에 사용되는 모든 것은 위생적으로 처리하여야 하며, 제과제빵용으로
		  적합한 것일 것
		• 장갑 착용 시 설거지용과 작품 제조용 등으로 용도에 맞게 구분하여 사용할 것 → 위반 시 위생
		  점수 0점
		• 눈금 표시된 조리기구 사용 허용(단, 눈금표시를 하나씩 재어가며 재료를 써는 등 감독위원이 작
		  업이 미숙하다고 판단하면 작업 전반 숙련도 부분이 감점될 수 있음)

9	안전사고 발생처리	• 칼 사용(손 빔) 등으로 안전사고 발생 시 응급조치를 하여야 하며, 응급조치에도 지혈이 되지 않을 경우 시험 진행 불가

※ 시험장 내 모든 개인물품에는 기관 및 성명 등의 표시가 없어야 합니다.

● 수험자 유의사항 안내

01 항목별 배점은 제조공정 55점, 제품평가 45점이며, 요구사항 외의 제조방법 및 채점기준은 비공개입니다.

02 시험시간은 재료 전처리 및 계량시간, 제조, 정리정돈 등 모든 작업과정이 포함된 시간입니다(감독위원의 계량확인 시간은 시험시간에서 제외).

03 수험자 인적사항은 검정색 필기구만 사용하여야 합니다. 그 외 연필류, 유색 필기구 등은 사용이 금지됩니다.

04 안전 사고가 없도록 유의합니다.
  • 시작 전 간단한 가벼운 몸 풀기(스트레칭) 운동을 실시한 후 시험을 시작하십시오.

- 위생복(상하의, 하의는 흰색 앞치마로 대체 가능), 위생모를 착용하여야 하며, 시험장비, 제과제빵도구를 사용할 때에는 안전사고 예방에 유의합니다.
- 감독위원(본부요원)의 지시에 따라 실기작업에 임하며, 각 과정별 세부작업은 안전사항 및 위생수칙을 준수하며 작업하여야 합니다.
- 위생복장의 상태 및 개인위생(장신구, 두발·손톱의 청결 상태, 손씻기 등)의 불량 및 정리 정돈 미흡 시 위생항목 감점 처리 됩니다.

05 다음 사항에 대해서는 채점 대상에서 제외하니 특히 유의하시기 바랍니다.

기권	수험자 본인이 수험 도중 시험에 대한 포기 의사를 표시하는 경우
실격	• 상품성이 없을 정도로 타거나 익지 않은 경우 • 수량, 모양, 반죽 제조법(공립법을 별립법으로 하는 등)을 준수하지 않았을 경우 • 지급된 재료 이외의 재료를 사용한 경우 • 시험 중 시설·장비의 조작 또는 재료의 취급이 미숙하여 위해를 일으킬 것으로 감독위원 전원이 합의하여 판단한 경우 • 위생복(상하의, 하의는 흰색 앞치마로 대체 가능), 위생모를 착용하지 않은 경우
미완성	시험시간 내에 작품을 제출하지 못한 경우

06 의문 사항이 있으면 감독위원에게 문의하고, 감독위원의 지시에 따릅니다.

● 특이사항

01 시험장별 재료 계량용 저울의 눈금 표기가 상이하여(짝수/홀수), 배합표의 표기를 "홀수(짝수)" 또는 "소수점(정수)"의 형태로 병행 표기하여 기재합니다('20년도 동일).

02 시험장의 저울 눈금표시 단위에 맞추어 시험장 감독위원의 지시에 따라 올림 또는 내림으로 계량할 수 있음을 참고하시기 바랍니다.

03 제과기능사, 제빵기능사 실기시험의 전체 과제는 '반죽기(믹서) 사용 또는 수작업 반죽(믹싱)'이 모두 가능함을 참고하시기 바랍니다(마데라컵케이크, 초코머핀 등의 과제는 수험자 선택에 따라 수작업 믹싱도 가능).
※ 단, 요구사항에 반죽방법(수작업)이 명시된 과제는 요구사항을 따라야 합니다.

04 배합표에 비율(%) 60~65, 무게(g) 600~650과 같이 표기된 과제는 반죽의 상태에 따라 수험자가 물의 양을 조정하여 제조합니다.

05 시험장에는 시간을 확인할 수 있는 공용시계가 구비되어 있으며, 시험기간의 종료는 공용시계를 기준으로 합니다. 만약, 수험자 개인 용도의 시계, 타이머를 지참하여 사용하고자 할 경우, 아래 사항에 유의하시기 바랍니다.

06 손목시계 착용 시 "장신구"에 해당하여 위생부분이 감점되므로 사용하지 않습니다.

07 탁상용 시계를 제조과정 중 재료 및 도구와 접촉시키는 등 비위생적으로 관리할 경우 위생부분이 감점되므로, 유의합니다. 또한 시험시간은 공용시계를 기준으로 하므로 개인이 지참한 시계는 시험시간의 기준이 될 수 없음을 유념하시기 바랍니다.

08 타이머는 소리알람(진동)이 발생하지 않도록 "무음 및 무진동"으로 설정하여 사용합니다(다른 수험자에게 피해가 될 수 있으므로 특히 주의).

09 개인이 지참한 시계, 타이머에 의하여 소리알람(진동)이 발생하여 시험진행에 방해가 될 경우, 본부요원 및 감독위원은 수험자에게 개별적인 시계, 타이머 사용을 금지시킬 수 있습니다.

● 출제가이드

- **① 배합표** 작업 지시서 및 배합표 점검
- **② 재료 계량** 계량시간(숙련도), 재료손실 최소화, 계량 정확도
- **③ 반죽** 혼합순서, 발전상태, 반죽온도 조절, 반죽의 되기
- **④ 발효** 발효실 관리, 온도 및 습도, 발효점
- **⑤ 성형** 숙련도 및 정확성, 분할·둥글리기, 중간발효, 성형, 팬닝, 팬닝량 계산능력
- **⑥ 2차 발효** 발효실 관리, 온도 및 습도, 발효점
- **⑦ 굽기** 온도, 시간, 오븐관리, 오븐조작

● 실기품목 (총 3품목)

제품명	시험시간	본 책의 페이지
잉글리시 머핀	3시간 20분	32
화이트 크림빵	4시간	35
호두 건포도 빵	4시간	38

제과산업기사 실기검정 취득 길라잡이

● 출제가이드

- **① 배합표** 작업 지시서 및 배합표 점검
- **② 재료평량** 계량시간(숙련도), 재료손실 최소화, 계량 정확도
- **③ 믹싱방법** 기계조작, 혼합(믹싱)순서 및 믹싱시간의 적합성, 반죽 상태
- **④ 반죽온도 조절** 반죽 온도의 적합성, 마찰계수 산출, 사용할(계산된) 물 온도산출, 얼음 사용량 산출
- **⑤ 반죽비중 측정** 반죽비중 측정방법, 반죽비중 결과(주어진 범위 이내)
- **⑥ 반죽채우기(팬닝)** 팬닝량 적합성(적당량), 숙련도
- **⑦ 성형** 모양 및 시간 정확도(성형중량 및 크기)
- **⑧ 굽기** 오븐조작, 구워진 상태 및 굽기원리
- **⑨ 튀김** 튀김기 조작 적합성, 튀겨진 상태 및 튀김원리

● 실기품목 (총 3품목)

제품명	시험시간	본 책의 페이지
아몬드 제누아즈	2시간	42
비스퀴 아 라 퀴이에르	1시간 30분	45
비스퀴 드 사보아	2시간	48

● 출제가이드

- **01** **배합표** 작업 지시서 및 배합표 점검
- **02** **재료 계량** 계량시간(숙련도), 재료손실 최소화, 계량 정확도
- **03** **반죽** 혼합순서, 발전상태, 반죽온도 조절, 반죽의 되기
- **04** **발효** 발효실 관리, 온도 및 습도, 발효점
- **05** **성형** 숙련도 및 정확성, 분할·둥글리기, 중간발효, 성형, 팬닝, 팬닝량 계산능력
- **06** **2차 발효** 발효실 관리, 온도 및 습도, 발효점
- **07** **굽기** 온도, 시간, 오븐관리, 오븐조작

● 실기품목 (총 20품목)

제품명	시험시간	본 책의 페이지
식빵(비상스트레이트법)	2시간 40분	52
우유식빵	3시간 40분	55
옥수수 식빵	3시간 40분	58
풀만 식빵	3시간 40분	61
버터 톱 식빵	3시간 30분	64
밤식빵	3시간 40분	67
쌀 식빵	3시간 40분	70
호밀빵	3시간 30분	73
버터롤	3시간 30분	76
단과자빵(트위스트형)	3시간 30분	79
소보로빵	3시간 30분	82
단과자빵(크림빵)	3시간 30분	85
스위트 롤	3시간 30분	88
단팥빵(비상스트레이트법)	3시간	91
모카빵	3시간 30분	94
통밀빵	3시간 30분	97
베이글	3시간 30분	100
빵 도넛	3시간	103
소시지빵	3시간 30분	106
그리시니	2시간 30분	109

● 주의사항

01 **배합표 작성** 제한시간을 꼭 지킨다.

02 **재료 계량**
제한시간을 꼭 지킨다. 각 재료를 정확히 계량해 진열대 위에 따로따로 늘어놓는다
(계량대, 재료대, 통로에 재료를 흘리지 않도록 조심한다).

03 **반죽 만들기**
요구사항에서 제시한 방법에 따라 반죽한다
(자세한 내용은 각 제품별 실기공정에서 확인).

04 **1차 발효**
각 제품의 특성에 알맞은 조건에서 발효시킨다
(자세한 내용은 각 제품별 실기공정에서 확인).

05 **분할하기**
요구사항에서 제시한 대로 분할한다. 가능한 한 빨리 분할하고,
대강의 무게를 어림해 한두 번의 가감으로 마무리 짓는다.

06 **둥글리기** 반죽 표면이 매끄럽도록 둥글린다.

07 **중간 발효**
10~20분 동안 발효시킨다. 그동안 표면이 마르지 않도록 한다.

08 **성형**
알맞은 모양으로 성형한 다음 표면을 매끄럽게 다듬는다. 덧가루를 털어낸다.

09 **팬닝**
틀이나 철판에 기름을 칠한다. 성형 반죽의 이음매가 틀 바닥에 닿도록 하고,
일정한 간격을 두고 늘어놓는다.

10 **2차 발효**
각 제품의 특성에 알맞은 조건에서 발효시킨다. 반죽의 가스 보유력이 최대인 상태에서 그친다.

11 **굽기**
오븐의 위치에 따라 온도차가 생기므로 제때에 팬의 자리를 바꾼다.
전체적으로 고루 잘 익고, 껍질색이 황금갈색을 띠도록 온도와 시간을 관리한다.

12 **뒷정리, 개인위생**
한 번 쓴 기구와 작업대는 물론 주위를 깨끗이 치우고 청소한다.
깨끗한 위생복을 입고 위생모를 쓴다. 손톱과 머리를 단정하고 청결히 유지한다.

13 **제품평가**
① **부피** 분할무게와 비교해 부피가 알맞아야 한다.
② **균형** 찌그러짐이 없고 균형잡힌 모양이어야 한다.
③ **껍질** 부드럽고 색깔이 고르며, 반점과 줄무늬가 없어야 한다.
④ **속결** 기공과 조직의 크기가 고르고, 부드러우며, 밝은 색을 띠어야 한다.
⑤ **맛과 향** 부드러운 맛과 은은한 향이 나야 한다. 탄냄새나 익지 않은 생재료 맛이 나서는 안 된다.

● 출제가이드

- **01 배합표** 작업 지시서 및 배합표 점검
- **02 재료평량** 계량시간(숙련도), 재료손실 최소화, 계량 정확도
- **03 믹싱방법** 기계조작, 혼합(믹싱)순서 및 믹싱시간의 적합성, 반죽 상태
- **04 반죽온도 조절** 반죽 온도의 적합성, 마찰계수 산출, 사용할(계산된) 물 온도산출, 얼음 사용량 산출
- **05 반죽비중 측정** 반죽비중 측정방법, 반죽비중 결과(주어진 범위 이내)
- **06 반죽채우기(팬닝)** 팬닝량 적합성(적당량), 숙련도
- **07 성형** 모양 및 시간 정확도(성형중량 및 크기)
- **08 굽기** 오븐조작, 구워진 상태 및 굽기원리
- **09 튀김** 튀김기 조작 적합성, 튀겨진 상태 및 튀김원리

● 실기품목(총 20품목)

제품명	시험시간	본 책의 페이지
시퐁 케이크(시퐁법)	1시간 40분	114
젤리 롤 케이크	1시간 30분	117
소프트 롤 케이크	1시간 50분	120
초코 롤 케이크	1시간 50분	123
흑미 롤 케이크	1시간 50분	126
타르트	2시간 20분	129
버터 스펀지 케이크(공립법)	1시간 50분	132
버터 스펀지 케이크(별립법)	1시간 50분	135
파운드 케이크	2시간 30분	137
과일 케이크	2시간 30분	140
치즈 케이크	2시간 30분	143
호두파이	2시간 30분	146
초코머핀	1시간 50분	149
마데라 컵케이크	2시간	152
슈	2시간	155
다쿠아즈	1시간 50분	158
마들렌	1시간 50분	161
브라우니	1시간 50분	164
쇼트 브레드 쿠키	2시간	167
버터 쿠키	2시간	170

● 주의사항

㉑ 배합표 작성
제한시간을 꼭 지킨다.

㉒ 재료 계량
제한시간을 꼭 지킨다. 각 재료를 정확히 계량해 진열대 위에 따로따로 늘어놓는다
(계량대, 재료대, 통로에 재료를 흘리지 않도록 조심한다).

㉓ 반죽 만들기
요구사항에서 제시한 방법에 따라 반죽한다
(자세한 내용은 각 제품별 실기공정에 실었음).

㉔ 성형, 팬닝

① 틀에 채우기
반죽을 만드는 동안, 즉 믹서 돌아가는 시간에 미리 틀에 기름칠을 하거나 베이킹시트를 깔아 둔다.
제품의 특성상 기름기 없는 틀에 유산지를 깔기도 한다.
주어진 틀의 부피에 알맞은 반죽량을 조절해 틀에 채운다.
이때 반죽의 손실을 최소로 하며, 가능한한 반죽의 윗면을 평평하게 고르고 기포를 꺼뜨린다.

② 짜내기
짤주머니에 반죽을 채우고, 철판에 기름종이를 깔거나 기름칠을 한 뒤
지름, 두께, 간격을 일정하게 맞추어 짜낸다. 이때 반죽의 손실을 최소로 하는 데 주의한다.

③ 찍어내기
원하는 모양과 크기에 알맞은 두께로, 모서리가 직각을 이루도록 밀어편다.
형틀이나 칼을 이용해 모양을 뜬다.
자투리 반죽이 많이 생기지 않게 하고 덧가루를 털어낸다.

㉕ 굽기
각 제품의 특성에 알맞은 조건에서 굽는다.
오븐의 앞과 뒤, 가장자리와 중앙이 온도차를 보이면 제때 꺼내 틀의 위치를 바꾸고 굽는다.
완전히 굽는다. 너무 오래 구워 건조해지거나, 타고 설익은 부분이 있어서는 안 된다.

㉖ 뒷정리, 개인위생
한 번 사용한 기구와 작업대는 물론 주위를 깨끗이 치우고 청소한다.
깨끗한 위생복을 입고 위생모를 쓴다.
손톱과 머리를 단정하고 청결히 유지한다.

㉗ 제품평가

① 부피
전체 크기와 부풀림이 알맞은 비율이다.

② 균형감
어느 한쪽이 찌그러지거나 솟지 않고, 대칭을 이루어야 한다.

③ 껍질
먹음직스러운 색을 띠고, 옆면과 바닥에도 구운 색이 들어야 한다.

④ 속결
기공과 조직이 균일하다. 기공이 크거나 조밀하지 않아야 한다.

⑤ 맛과 향
각 제품 특유의 맛과 향이 난다. 끈적거리거나 탄냄새, 익지 않은 생재료의 맛이 나서는 안 된다.

제빵 이론

Breadmaking Theory

01 제빵법

빵은 밀가루, 물, 소금, 이스트를 주재료로 제품에 따라 당류, 달걀, 유제품, 그 밖의 부재료를 섞은 반죽을 발효시켜 구운 것이다. 반죽에 사용되는 기본 재료와 굽는 방법에 따라 수많은 종류의 빵들이 있다. 주로 굽지만 찌거나 튀기기도 한다. 크림, 앙금, 고기, 채소 등을 넣어 만들기도 한다.

제빵법은 나누는 방법에 따라 여러 가지로 분류할 수 있으나, 일반 베이커리에서 사용하는 제빵법 중 가장 기본이 되는 것은 스트레이트법(직접반죽법)과 스펀지 도우법(중종법), 이를 변형한 비상반죽법이다.

● **스트레이트법**
(직접반죽법)

배합상의 재료를 한 번에 넣고 반죽(믹싱)한 후 발효시켜 빵을 만드는 방법이다. 상업용 이스트의 발견으로 일반화되기 시작했으며 다른 제빵법에 비해 간단하고 시간과 노력이 적게 들어 상업적 목적에 우수하다. 초보자가 쉽게 사용하기 좋은 방법이다. 식빵을 비롯해 일반적인 빵에 폭넓게 사용된다.

종류 – 표준스트레이트법, 비상스트레이트법, 재반죽법,
노타임반죽법, 후염법 등

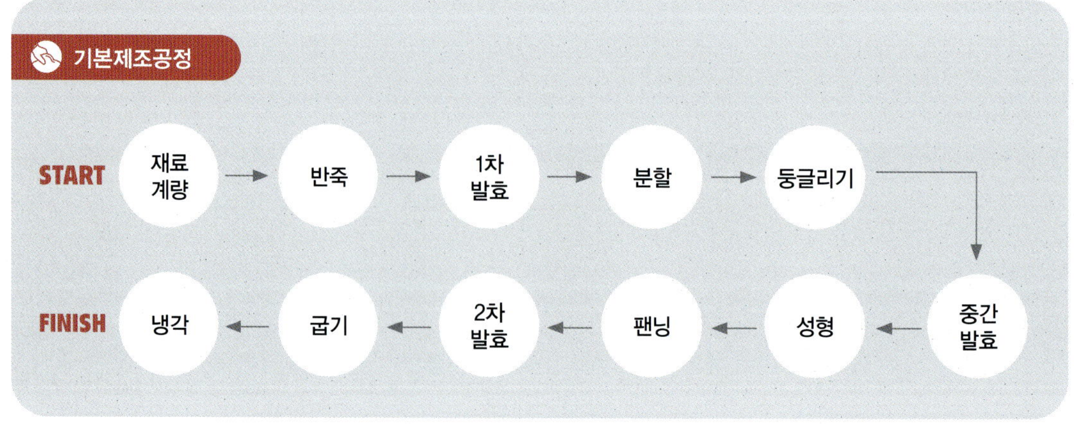

스트레이트법의 장점과 단점
(스펀지 도우법과 비교)

단 점	장 점
① 발효 시간이 짧아 빵의 노화가 빠르다 ② 반죽의 신장성이 적어 손상되기 쉽고, 기계를 이용한 성형 등이 어렵다. ③ 제품의 부피가 비교적 작다. ④ 발효 내구성이 약하다.	① 전체 공정의 소요 시간을 줄일 수 있다. ② 설비, 노동력을 줄일 수 있다. ③ 발효 시간이 짧아 발효 손실이 적다.

주의점

스트레이트법은 한 번의 믹싱으로 끝나기 때문에 반죽 온도, 믹싱 종료 시의 반죽 상태 판단 등에 주의가 필요하다. 또 반죽의 되기 결정은 믹싱 시작 후 1~2분 사이에 결정한다. 첨가하는 물의 공급이 늦어지면 글루텐이 먼저 형성돼 수분 흡수가 곤란해지고 물이 잉여수로 반죽에 남아 진반죽을 만든다.

● **스펀지 도우법**
 (중종법)

중종법이라고도 하며 스트레이트법과는 달리 두 개의 공정으로 빵을 만드는 방법이다. 먼저 밀가루, 물, 이스트 등을 넣어 만든 반죽을 숙성시킨 다음 밀가루를 비롯한 다른 재료를 넣어 반죽을 완성한다. 이때 사전 발효한 앞의 반죽을 스펀지(sponge)라고 하고 뒤의 본반죽을 도(dough)라고 한다. 이 제법의 목적은 발효의 안정성을 높이고 반죽의 숙성에 의한 신장성과 향을 증진시키는 데 있다.

종류 – 표준 스펀지법, 징시간 스펀지법, 오버나이트 스펀지법,
        가당 스펀지법, 저온 스펀지법 등

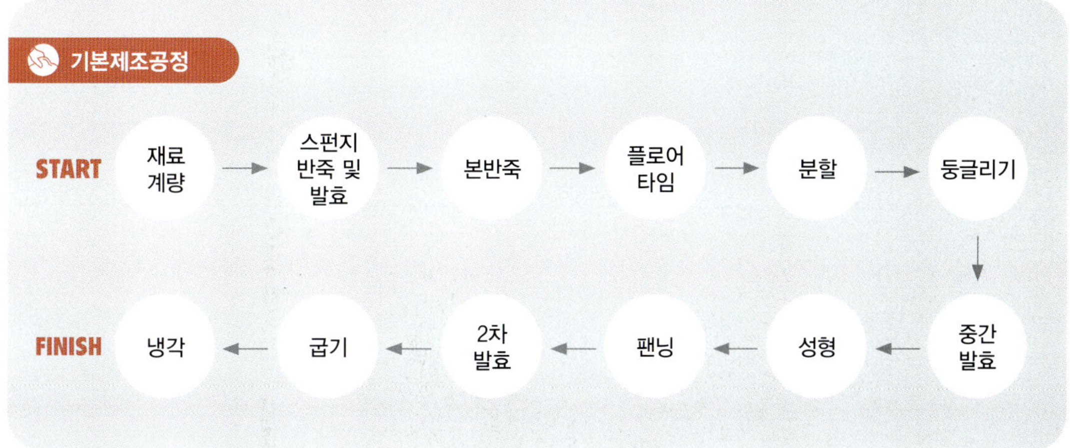

<table>
<tr><td colspan="2" align="center">**스펀지 도우법의 장점과 단점**
(스트레이트법과 비교)</td></tr>
<tr><td align="center">장점</td><td align="center">단점</td></tr>
<tr>
<td>
① 빵의 노화가 늦다.
② 반죽의 신장성이 좋아 손상이 적고 기계 내성이 좋다.
③ 발효에 의한 산미와 풍미가 증가한다.
④ 제품의 부피가 크고 속결이 부드럽다.
⑤ 이스트 사용량을 줄일 수 있다.
</td>
<td>
① 전체 공정에 소요되는 시간이 길고 공정이 번거롭다.
② 스펀지의 발효 설비와 공간이 필요하다.
③ 발효 손실이 크다.
</td>
</tr>
</table>

주의점

스펀지(중종)의 믹싱은 밀가루가 수화된 상태에서 멈춘다. 필요 이상의 글루텐이 형성되면 반죽의 숙성이 늦어지기 때문이다. 중종의 숙성(발효점) 정도는 반죽에 탄력이 없어지고, 유백색을 띤 상태이다. 본반죽은 반죽의 신장성을 좋게 하기 위해 충분히 믹싱한다. 플로어타임 종료는 쳐져 있는 반죽에 약간의 탄력이 생겼을 때이다.

● 비상반죽법

표준스트레이트법이나 스펀지법을 변형시킨 방법이다. 예기치 못한 주문이나 사고 등 비상시에 제품을 빨리 만들어내기 위한 목적으로 시용된다. 표준 반죽법에 따르면서 반죽 시간을 늘리고 발효 속도를 촉진시켜 전체 공정을 줄이는 것이 포인트이다. 스트레이트법과 스펀지 도우법 모두 사용할 수 있으나 여기서는 스트레이트법을 비상스트레이트법으로 전환하는 방법만 살펴본다.

필수적 조치 사항

01 이스트 양을 25~50% 늘려 발효를 촉진시킨다.

02 이스트 활성화를 위해 물 사용량을 1% 늘린다.

03 껍질색을 맞추기 위해 설탕 사용량을 1% 줄인다.

04 발효 촉진을 위해 반죽 시간을 20~25% 늘린다.

05 1차 발효시간을 줄인다(15~30분).

표준스트레이드법에서 비상스트레이트법으로 전환하는 방법

재료	스트레이트법	→	비상스트레이트법
밀가루	100%		100%
물	63%	— 늘리기 →	64%
이스트	2%	— 늘리기 →	3%
이스트푸드	0.2%	— 늘리기 →	0.2~0.5%
설탕	5%	— 줄이기 →	4%
쇼트닝	4%	— 그대로 →	4%
탈지분유	3%	— 줄이기 →	2~3%
소금	2%	— 줄이기 →	1.75~2%
식초	0%	— (산 첨가) →	0~0.75%
반죽 온도	27℃	— 높이기 →	30℃
반죽 시간	18분	— 늘리기 →	22분
발효시간	2시간	— 줄이기 →	15~30분

비상반죽법의 장점과 단점

장점	단점
① 제조 시간이 짧아 노동력과 임금이 절약된다. ② 비상시에 빠르게 대처할 수 있다.	① 발효 시간이 짧아 빵의 노화가 빠르다. ② 제품의 부피가 고르지 못하다. ③ 빵에서 이스트 냄새가 날 수 있다.

02 제빵공정

● **재료계량**

배합표대로 주어진 재료를 정확하게 계량한다. 반죽에 필요한 재료와 토핑이나 충전에 필요한 재료를 구분한다. 가루 재료는 체 쳐 준비하고 이스트는 소금과 설탕에 닿지 않도록 한다. 사용할 물은 반죽 온도에 맞게 조절해 준비한다.

반죽 온도 계산 (스트레이트법)

마찰계수

(반죽 결과 온도 × 3) − (밀가루 온도 + 실내 온도 + 수돗물 온도)

사용할 물 온도

(희망 온도 × 3) − (밀가루 온도 + 실내 온도 + 마찰계수)

얼음 사용량

$$\frac{\text{물 사용량} \times (\text{수돗물 온도} - \text{사용할 물 온도})}{80 + \text{수돗물 온도}}$$

● **반죽**
（믹싱）

밀가루, 소금, 물, 이스트 등의 재료를 믹싱해 하나의 반죽으로 완성하는 과정이다. 저속, 중속, 고속으로 바꿔가며 부드럽고 윤기가 나는 상태가 될 때까지 믹싱한다.

[반죽의 발전 단계]

픽업 단계 (pick-up stage) : 저속 믹싱

밀가루와 그 밖의 가루 재료가 물과 대충 섞이는 단계이다. 가루류에 물이 흡수돼 끈적거린다.

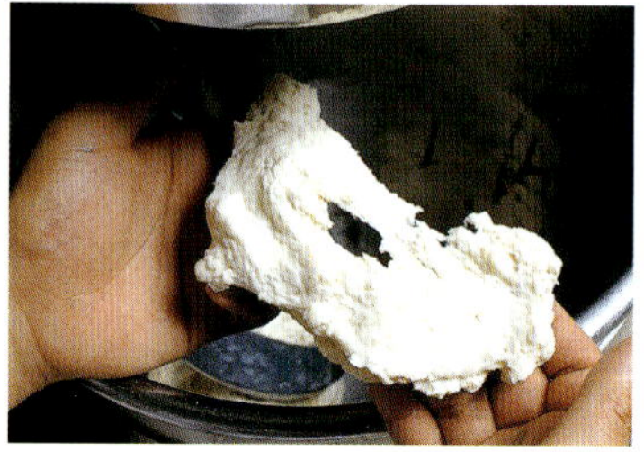

밀가루에 물이 완전히 흡수되어 한 덩어리로 뭉쳐지는 단계이다. 이 단계에서 유지와 소금(후염법일 경우)을 넣는다. 점성이 강했던 반죽은 한데 뭉쳐져 볼 가장자리에서 떨어지기 시작한다.

글루텐 결합이 급속히 진행되어 반죽의 탄력이 증가하고 표면은 매끄럽고 약간 건조한 상태가 된다.

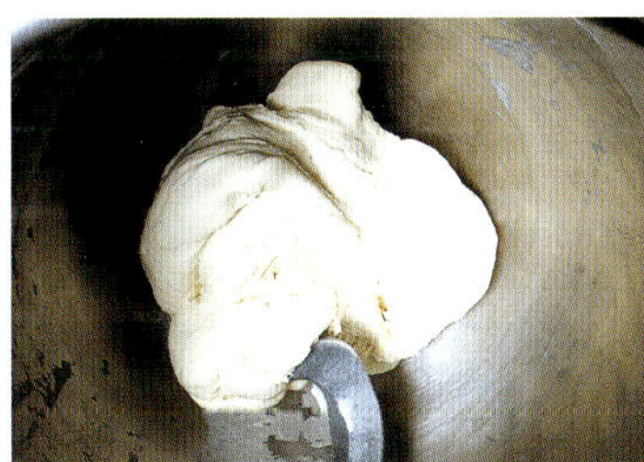 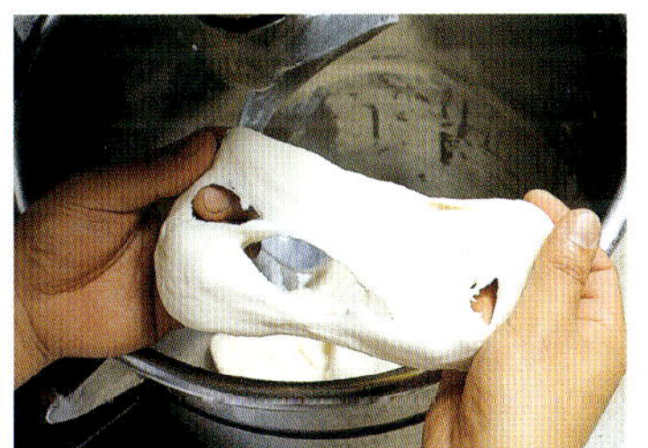

탄력성과 신장성이 가장 좋으며 반죽은 부드럽고 윤이 난다. 반죽을 떼어내 잡아당기면 찢어지지 않고 얇게 늘어난다.

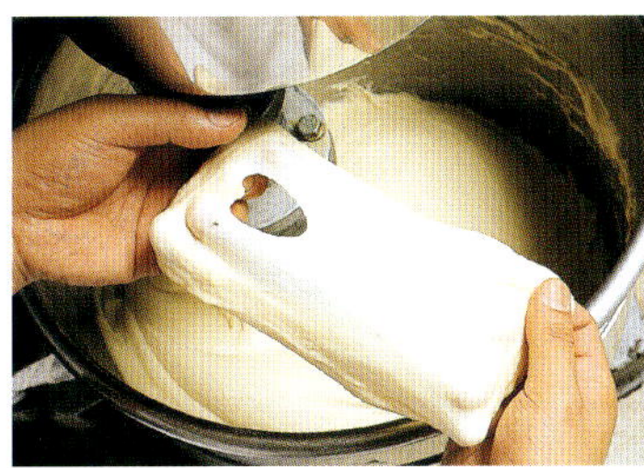 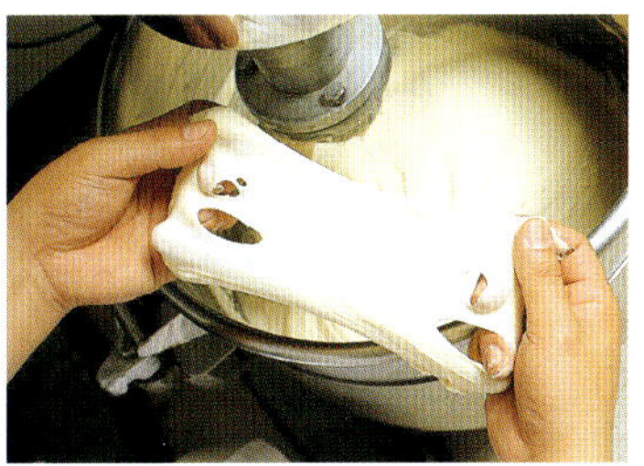

반죽은 탄력성을 잃고 신장성이 커져 고무줄처럼 늘어나며 점성이 많아진다.

글루텐이 더이상 결합하지 않고 끊어지는 단계로 빵 만들기에 부적합한 단계

● 1차 발효

1차 발효 조건	상대 습도(발효실)	시간
온도 25~28℃	75~80%	60~180분, 처음 부피의 3~5배 증가

온도와 습도를 맞춘 발효기를 이용해 필요한 시간만큼 발효시킨다. 만드는 사람은 반죽을 관찰해 팽창과 숙성이 순조롭게 진행되고 있는지 체크한다. 발효 상태의 확인은 손가락으로 눌러봐서 자국이 남는 정도로 판단한다.

가스빼기(펀치)

빵의 종류에 따라 가스빼기를 해 발효를 촉진하는 것도 있다. 하드계 반죽처럼 천천히 숙성되거나 고배합 반죽처럼 힘이 필요한 무거운 반죽에 사용한다.

● 분할

스크레이퍼를 이용해 만들려고 하는 빵의 크기로 반죽을 나눈다. 대강의 무게를 어림해 분할한 다음 한두 번의 가감으로 20분 이내에 마무리한다.

- **둥글리기**

분할한 반죽의 표면이 매끄럽게 되도록 둥글리기 한다. 기포를 제거하고 커다란 기포를 잘게 만들어 반죽을 균일화하는 과정이다.

- **중간 발효**
  (벤치타임)

중간 발효 조건	상대 습도	시간
온도 28~29℃	75%	15~20분

둥글리기한 반죽은 탄력이 생기므로 성형 전 휴지를 시켜야 한다. 이를 중간 발효 혹은 벤치타임이라 한다. 반죽 표면이 건조해지지 않도록 한다.

- **성형**

손이나 도구를 이용해 원하는 모양을 만들고 충전물을 넣는다. 기본 성형으로는 둥근형, 타원형, 막대형 등이 있다.

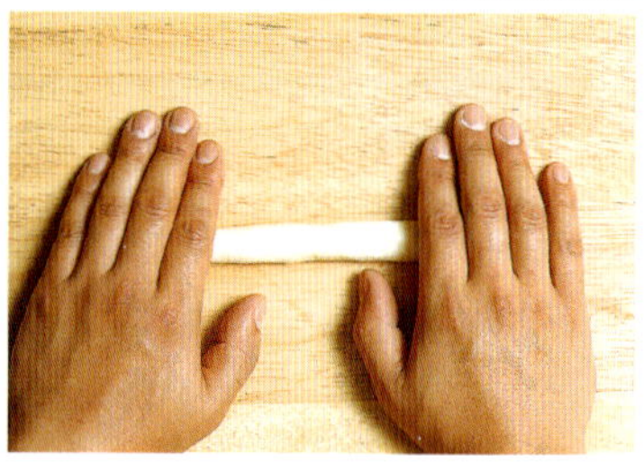

● 팬닝

성형이 완료된 반죽을 틀에 채우거나 철판에 적당한 간격을 두고 나열한다. 이때 반죽의 이음매 부분은 밑을 향하도록 해 틀에 넣는다.

● 2차 발효

2차 발효 조건	상대 습도(발효실)	시간
온도 35~43℃	85~90%	30~60분

성형으로 긴장된 반죽의 신장성을 회복시키는 과정이다. 이 과정은 빵의 맛과 함께 볼륨이나 모양에도 영향을 미치므로 알맞은 종료 시점을 판단하는 것이 매우 중요하다. 반죽에 적당한 탄력이 남아있는 상태에서 발효를 마친다.

● 굽기

제품의 종류나 배합, 크기 등을 고려해 오븐 온도를 조절해 굽는다. 전체적으로 황금색이 되면 굽기가 완성된다. 저배합 반죽은 약간 진하게, 부재료가 풍부한 소프트계 빵은 약간 옅게 굽는다.

● 냉각

갓 구워낸 빵을 포장하기 좋은 35~40℃로 식히는 과정이다. 냉각 방법에는 자연 냉각, 냉각실 냉각, 터널식 냉각 등이 있다.

● 포장

유통과정에서 제품 상태를 보호하기 위해 그에 맞는 용기에 담는 일을 말한다.

과자반죽의 분류

빵이 서양인의 주식인데 반해 과자는 기호식품이다. 빵과 과자를 구분하는 기준은 이스트의 사용 여부, 설탕 배합량의 많고 적음, 밀가루의 종류, 반죽 상태 등이다.
또 같은 과자라 해도 공기를 어떻게 포함시켜 부풀리느냐에 따라 발효제품, 화학적 팽창제품, 공기 팽창제품, 유지에 의한 팽창제품으로 나눈다. 또 과자 반죽을 만드는 방법에 따라 반죽형 반죽, 거품형 반죽으로 분류한다.

● **반죽형 반죽**
 (batter type paste)

밀가루, 달걀, 설탕, 유지 등의 기본재료에 우유나 물을 넣고 화학팽창제(베이킹파우더)를 사용해 부풀린 반죽으로 레이어 케이크, 파운드 케이크, 과일 케이크, 마들렌, 바움쿠헨 등을 만든다. 반죽형 반죽을 만드는 방법은 아래처럼 다시 나눌 수 있다.

크림법

부피가 큰 케이크를 만들기에 알맞은 반죽법이다.
01 유지와 설탕을 섞어 크림 상태로 만든다.
02 달걀, 우유 같은 액체 재료를 넣고 섞는다.
03 밀가루, 베이킹파우더를 체친 후 넣고 가볍게 섞는다.

제품의 조직을 부드럽게 하고자 할 때 적당한 반죽법이다.

01 밀가루와 유지를 섞어 유지가 밀가루를 싸도록 믹싱한다.
02 마른 재료와 일부 액체 재료를 섞는다.
03 달걀을 나누어 넣고 나머지 액체 재료를 넣고 섞는다.

이외에도 반죽형 반죽에는 1단계법, 설탕 · 물반죽법, 복합법 등이 있다.

● **거품형 반죽**
(foam type paste)

달걀의 기포성과 응고성을 이용해 부풀린 반죽이다. 이 반죽은 다시 달걀의 흰자만을 쓴 머랭 반죽, 다른 기본 재료에 흰자와 노른자를 섞어 넣은 스펀지 반죽, 흰자만 거품낸 후 노른자와 섞는 시폰형 반죽으로 나눌 수 있다. 주로 만드는 제품은 스펀지 케이크, 에인젤 푸드 케이크, 머랭 등이 있다.

주로 흰자를 이용해 설탕과 함께 거품을 내 만드는 반죽으로 일반적으로 사용되는 머랭을 포함해 대략 4가지가 있고 제법에 관계없이 설탕과 흰자의 비율은 2:1이다.

주로 건과에 사용하는데 상온에서 흰자를 60% 정도까지 휘핑한 후 설탕 또는 바닐라슈거를 소량씩 투입하면서 단단해질 때까지 휘핑을 계속한다.

설탕과 설탕량의 30~40% 정도의 물을 사용해 115~ 121℃까지 끓여 설탕 시럽을 만든 후 흰자에 서서히 넣으면서 휘핑한다. 열처리를 했기 때문에 케이크 장식이나 버터크림, 초콜릿 반죽 등에 적당하다.

흰자와 슈거파우더를 혼합한 후 약한 불로 가열해 만든다. 프랑스 제과점에서 흔히 볼 수 있는 '귀부인의 손'이란 마카롱을 만들 때 적당하다.

전체 흰자 중 1/3과 슈거파우더 전량을 넣고 글라스 루아얄을 만든다. 이때 빙초산을 몇 방울 사용한다. 또 다른 그릇에 남은 흰자와 적당량의 바닐라슈거로 보통 머랭을 만든 후 앞에 만든 것과 섞어준다.

스펀지 반죽

거품을 내는 방법에 따라 공립법과 별립법으로 나눌 수 있다.

흰자와 노른자를 섞어 함께 거품을 내는 방법으로 별립법에 비해 부드러운 것이 특징이다. 원형 케이크 용으로 주로 사용하며 많은 양의 시럽을 사용하는 것은 피해야 한다. 공립법은 다시 달걀과 설탕을 중탕해 37~43℃까지 데운 뒤 거품을 내는 방법과 중탕하지 않고 달걀과 설탕을 거품 내는 방법으로 나눌 수 있다.

01 달걀을 잘 풀어주고 설탕, 소금을 섞은 후 향을 첨가한다.
02 박력분을 체로 친 후 가볍게 혼합한다.

달걀을 흰자와 노른자로 나눠 각각에 설탕을 더해 따로따로 거품을 낸 뒤 그밖의 재료와 섞는 방법이다. 공립법에 비해 질긴 편으로 무스나 시럽을 많이 사용하는 제품에 적당하다.

01 노른자에 설탕A, 소금, 향을 넣고 섞는다.
02 흰자를 60%까지 휘핑한 후 설탕B를 조금씩 넣으면서 90% 정도의 머랭을 만든다.
03 01에 머랭을 넣고 섞는다.
04 박력분을 체친 후 섞는다.

별립법처럼 흰자와 노른자로 나누지만 노른자는 거품내지 않고 흰자(머랭)와 화학팽창제로 부풀린 반죽이다.

01 밀가루, 베이킹파우더, 설탕, 소금을 체친다.
02 다른 그릇에 식용유와 노른자를 넣고 섞은 후 가루와 섞어준다.
03 물을 조금씩 넣으면서 덩어리지지 않는 매끄러운 상태로 만든다.
04 흰자에 일부 설탕을 넣고 거품을 내 머랭을 만든 후 03에 2~3회 나누어 섞는다.

02 과자 만드는 순서

1) 반죽법을 결정한다.

2) 배합표를 만든다.

각각의 제품 특성을 살리는 방법 중의 하나가 배합 재료의 양적 · 질적인 균형을 맞추는 일이다. 과자 반죽의 특성은 고형물과 수분의 균형이 어떤가로 결정한다.

표1) **반죽 온도에 따른 반죽 제품의 변화**

구분 \ 반죽 온도	높을 경우	낮을 경우	비고
반죽 비중	낮다	높다	반죽 온도가 낮으면 지방의 일부가 굳어 반죽이 공기를 포함하기 어렵기 때문에 비중이 높아진다.
반죽 산도	온도와 관계없다	온도와 관계없다	
제품 부피	기공이 작다	기공이 크다	반죽 온도가 낮으면 탄산가스 손실이 없고 반대인 경우는 많기 때문이다.
껍질의 성질	얇다	두껍다	
기공의 크기	치밀하고 작다	크다	
속색깔	밝다	어둡다	
냄새	옅다	강하다	반죽 온도가 낮으면 껍질이 두꺼워지고 캐러멜화가 많이 일어나기 때문이다.
맛	온도와 관계없다	온도와 관계없다	
조직	부드럽다	부서지기 쉽다	

3) 과자 반죽을 만든다.

반죽 온도 조절

반죽 온도는 제품에 많은 변화를 미치며, 이를 결정하는 요소는 물 온도이다.
(표1 참조)

반죽의 산도 조절

각 제품에 맞는 산도가 있는데 산성에 가까우면 기공이 너무 곱고, 껍질색이 여리
며, 옅은 향과 톡 쏘는 신맛이 나고, 제품의 부피가 작다. 반면 알칼리성에 가까우
면 기공이 거칠고, 껍질색과 속색이 어두우며, 강한 향과 소다 맛이 난다.
또 유지가 섞인 유상액(emulsion)은 대개 산성에서 안정적인데 쇼트닝 대신 버터
를 사용하면 pH4.8에서 가장 안정된 모습을 보인다.
제과 반죽 중 산도가 중요한 몫을 하는 것은 초콜릿 케이크와 코코아 케이크 반
죽이다. 짙은 향과 색을 원하면 알칼리성쪽으로, 은은한 향과 색을 원하면 산성쪽
으로 조절한다.

비중

부피가 같은 물의 무게에 대한 반죽의 무게를 숫자로 나타낸 값이다. 반죽과 물을
각각 비중컵에 담아 무게를 단 뒤, 그 값에서 무게를 빼면 된다. 예를 들어 비중
컵의 무게가 40g, 비중컵+물의 무게가 240g, 비중컵+반죽의 무게가 180g일 때
비중은 (180−40)÷(240−40)=0.7

4) 성형 · 팬닝한다

틀에 채우는 방법 외에도 짜내기, 찍어내기, 접어밀기 등이 있다. 한편 틀에 반죽
을 채울 경우 틀의 부피에 알맞은 반죽량을 계산하는데 틀부피÷비용적으로 계산
하면 반죽 무게를 얻을 수 있다.

5) 굽기

고배합 반죽일수록, 반죽량이 많을수록 낮은 온도에서 오래 굽는다. 그러나 너무
낮은 온도에서 구우면 조직은 부드럽지만 윗면이 평평하고 수분 손실이 커진다.
반면 굽는 온도가 너무 높으면 중심 부분이 갈라지고 조직이 거칠고 설익어 주저
앉기 쉽다.

6) 마무리(아이싱)

제품의 멋과 맛을 돋우고, 제품에 윤기를 주며, 보관 중 표면이 마르지 않도록 한
겹 씌우는 것을 말한다. 마무리용 재료로는 퐁당, 머랭, 글레이즈, 젤리, 크림류,
슈트로이젤 등이 있다.

제빵산업기사
실기편

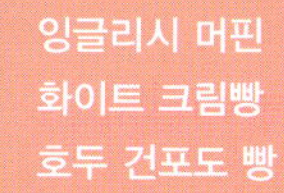

잉글리시 머핀 English muffins

전용틀 없이 평철판을 이용해 잉글리시 머핀을 구울 때는 반죽이 너무 옆으로 퍼져 납작하게 주저 앉는 것을 방지하기 위해 최종단계까지만 반죽한다. 기존에 알려진 잉글리시 머핀보다 수분량이 적어 비교적 된 반죽이지만, 틀 없이 구울 때 사용하기에는 안정적이다.

<table>
<tr><td>시험시간</td><td>3시간 20분 (스트레이트법)</td></tr>
<tr><td>학습목표</td><td>1 '스트레이트법'으로 전용틀 없이 잉글리시 머핀을 만들 수 있다.</td></tr>
<tr><td rowspan="6">요구사항</td><td>1. 배합표의 각 재료를 계량하여 재료별로 진열하시오(8분).</td></tr>
<tr><td>• 재료계량(재료당 1분) → [감독위원 계량확인] → 작품제조 및 정리정돈(전체시험시간–재료계량시간)</td></tr>
<tr><td>• 재료계량 시간 내에 계량을 완료하지 못하여 시간이 초과된 경우 및 계량을 잘못한 경우는
추가의 시간 부여 없이 작품제조 및 정리정돈 시간을 활용하여 요구사항의 무게대로 계량</td></tr>
<tr><td>2. 스트레이트법 공정에 의해 제조하시오(반죽온도는 27℃로 한다).</td></tr>
<tr><td>3. 표준분할무게는 40g으로 분할하시오(별도의 잉글리시 머핀틀을 사용하지 않고 제조하시오).</td></tr>
<tr><td>4. 반죽은 전량을 사용하여 성형하시오.</td></tr>
</table>

* 배합표

재료명	비율(%)	무게(g)
강력분	100	1000
물	60	600
이스트	3	30
제빵개량제	2	20
소금	1	10
설탕	4	40
버터	6	60
사과식초	0.5	5(6)
계	176.5	1,765

* 만드는 법

❶ 버터를 제외한 모든 재료를 믹서 볼에 넣고 믹싱한다.

❷ 클린업 단계 이후 버터를 넣고 최종단계까지 믹싱한다(반죽온도 27℃).

❸ 온도 27~29℃, 습도 75~80% 상태에서 50~60분간 1차 발효시킨다.

❹ 40g씩 분할해 둥글리기 하고 10~15분 동안 중간발효 시킨다.

❺ 철판에 기름을 바르고 중간발효를 마친 반죽의 가스를 뺀 다음 세몰리나 밀가루를 묻혀 팬닝한다.

❻ 온도 33~38℃, 습도 85~90% 상태에서 25~30분 동안 2차 발효시킨다.

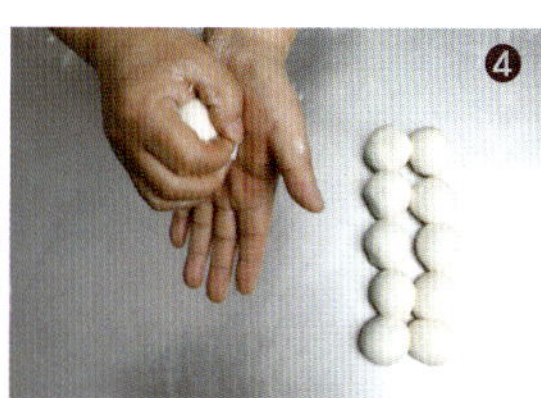

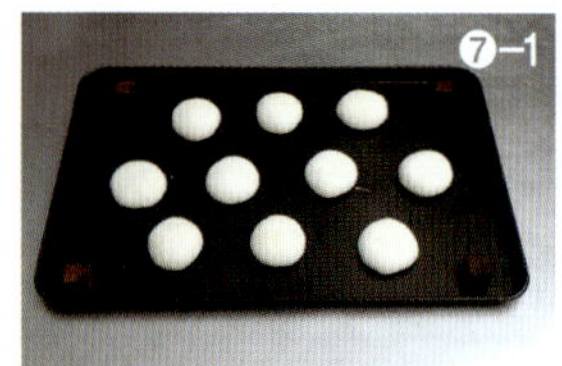

❼ 윗불 200℃, 아랫불 180℃ 로 예열한 오븐에서 15~20분 동안 위아래 양면이 동일한 색이 나도록 굽는다.

※ 굽기 전 평철판 네 귀퉁이에 높이에 맞는 나무토막(받침대용) 등을 놓고, 실리콘페이퍼를 덮은 뒤 다른 한 장의 평철판을 준비해 그 위에 덮어 굽는다.

※ 반죽 위에 철판을 얹는 것은 아래 위가 평평한 모양을 만들기 위해서다.

*** 지급재료 목록**

일련 번호	재료명	규격	단위	수량	비고
1	밀가루	강력분	g	1200	1인용
2	설탕	정백당	g	60	1인용
3	소금	정제염	g	15	1인용
4	세몰리나	세몰리나 밀가루	g	50	1인용
5	이스트	생이스트	g	40	1인용
6	제빵개량제	제빵용	g	25	1인용
7	버터	제과제빵용	g	100	1인용
8	사과식초	사과식초	g	15	1인용
9	얼음	식용	g	200	1인용 (겨울철제외)
10	위생지	식품용(8절지)	g	10	1인용

화이트 크림빵 White cream bread

옥수수전분을 묻힌 뒤 비교적 낮은 온도에서 구워 구움색을 내지 않은 하얀색 빵을 반으로 가르고 크림을 채워 완성하는 크림빵이다. 길고 가늘게 밀어 펴는 것이 중요하며 완성해야 하는 개수가 많은 만큼 공정 시간을 유념해 작업하는 것이 좋다.

시험시간	**4시간**
학습목표	1. '스트레이트법'으로 화이트 크림빵을 만들 수 있다.
요구사항	1. 배합표의 각 재료를 계량하여 재료별로 진열하시오(8분). • 재료계량(재료당 1분) → [감독위원 계량확인] → 작품제조 및 정리정돈(전체시험시간−재료계량시간) • 재료계량 시간내에 계량을 완료하지 못하여 시간이 초과된 경우 및 계량을 완료하지 못하여 시간이 초과된 경우 및 계량을 잘못한 경우는 추가의 시간 부여 없이 작품제조 및 정리정돈 시간을 활용하여 요구사항의 무게대로 계량 • 달걀의 계량은 감독위원이 지정하는 개수로 계량 2. 스트레이트법 공정에 의해 제조하시오.(반죽온도는 27℃로 한다.) 3. 표준분할무게는 80g으로 분할하시오. 4. 성형은 36~38cm 크기의 막대모양으로 성형하시오. 5. 옥수수전분을 묻혀 성형하시오. 6. 반죽은 전량을 사용하여 성형하시오. 7. 냉각 후 휘핑크림을 빵에 충전하시오.

* 배합표

재료명	비율(%)	무게(g)
강력분	90	900
박력분	10	100
설탕	5	50
소금	1	10
이스트	4	40
탈지분유	5	50
제빵개량제	1	10
달걀	15	150
우유	20	200
물	25	250
버터	10	100
계	186	1,860
옥수수전분	20	200
휘핑크림	90	900

* 만드는 법

❶ 버터를 제외한 모든 재료를 믹서 볼에 넣고 믹싱한다.

❷ 클린업 단계 이후 버터를 넣고 최종단계까지 믹싱한다(반죽온도 27℃).

❸ 온도 27℃, 습도 75~80% 상태에서 30~40분 동안 1차발효 시킨다.

※ 시간보다는 상태를 보며 발효 시간을 조절한다.

❹ 80g씩 분할해 둥글리기 하고 10~15분 동안 중간발효 시킨다.

❺ 밀대로 반죽을 밀어 펴 길게 늘인 다음 36~38㎝ 막대 모양을 만든다.

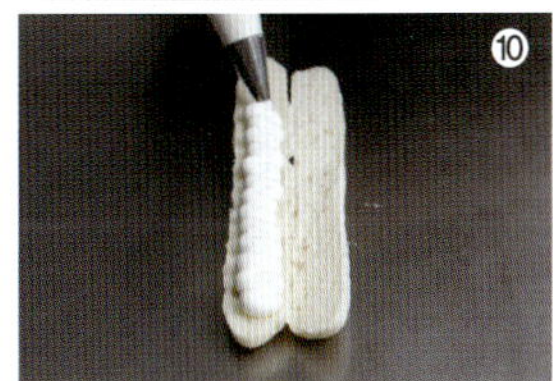

❻ 겉면에 옥수수전분을 묻힌 뒤 철판에 8개씩 간격을 맞춰 팬닝한다.

❼ 온도 27℃, 습도 75~80% 상태에서 30~40분 동안 2차발효시킨다.

❽ 윗불 160℃, 아랫불 150℃ 오븐에서 15분간 굽는다.

❾ 빵을 식힌 뒤 칼로 길게 반을 가른다.

❿ 휘핑한 휘핑크림을 짤주머니에 넣어 약 37g씩 짠다.

Point

❶ 반죽을 두 번에 나누어 늘여야 반죽 속 글루텐이 찢어지지 않는다.

❷ 반죽은 한 판 분량을 먼저 성형한 다음 옥수수전분을 하나씩 묻혀가며 팬닝하는 편이 좋다.

❸ 반죽에 물을 살짝 바른 다음 옥수수전분을 묻히면 구운 뒤에도 전분이 잘 떨어지지 않는다.

* **지급재료 목록**

일련 번호	재료명	규격	단위	수량	비고
1	밀가루	강력분	g	1000	1인용
2	밀가루	박력분	g	150	1인용
3	옥수수전분	분말	g	250	1인용
4	설탕	정백당	g	100	1인용
5	소금	정제염	g	20	1인용
6	휘핑크림	휘핑크림(가당)	g	1000	1인용
7	이스트	생이스트	g	50	1인용
8	제빵개량제	제빵용	g	15	1인용
9	버터	무염	g	150	1인용
10	탈지분유	제과제빵용	g	60	1인용
11	달걀	60g(껍질포함)	개	4	1인용
12	우유	시유	㎖	250	1인용
13	얼음	식용	g	200	1인용 (겨울철제외)
14	위생지	식품용(8절지)	장	10	1인용
15	제품산자	제품포장용	개	1	5인 공용

호두 건포도 빵 Walnut raisin bread

우유를 넣어 부드러운 반죽에 호두와 건포도를 듬뿍 넣고 구워 담백하면서도 고소한 식사대용 빵이다. 충전물이 많은 만큼 골고루 섞기 위해 발전 후기단계에서 호두와 건포도를 넣고 최종단계까지 믹싱한다. 성형법이 바게트와 거의 흡사하다.

시험시간	**4시간**
학습목표	1. '스트레이트법'으로 호두건포도빵을 만들 수 있다.

요구사항	1. 배합표의 각 재료를 계량하여 재료별로 진열하시오(11분).
	• 재료계량(재료당 1분) → [감독위원 계량확인] → 작품제조 및 정리정돈(전체시험시간-재료계량시간)
	• 재료계량 시간내에 계량을 완료하지 못하여 시간이 초과된 경우 및 계량을 완료하지 못하여 시간이
	  초과된 경우 및 계량을 잘못한 경우는 추가의 시간 부여 없이 작품제조 및 정리정돈 시간을 활용하여
	  요구사항의 무게대로 계량
	• 달걀의 계량은 감독위원이 지정하는 개수로 계량
	2. 스트레이트법 공정에 의해 제조하시오.(반죽온도는 27℃로 한다.)
	3. 표준분할무게는 250g으로 분할하시오.
	4. 성형은 36~38cm 크기의 막대모양으로 성형하고 밀가루를 묻혀 성형하고 사선으로 3개의 칼집을 내시오.
	5. 반죽은 전량을 사용하여 완제품을 제출하시오.

* 배합표

재료명	비율(%)	무게(g)
강력분	100	1000
설탕	6	60
소금	2	20
제빵개량제	1	10
이스트	4	40
달걀	5	50
우유	25	250
물	35	350
버터	10	100
건포도	20	200
호두	20	200
계	228	2,280

※ 계량시간 제외

강력분	20	200

* 만드는 법

❶ 철판에 호두를 펼쳐 넣고 오븐에서 갈색이 될 때까지 구운 뒤 식힌다.

❷ 건포도를 물에 5분 정도 담갔다가 체에 받쳐 물기를 뺀다.

❸ 버터, 호두, 건포도를 제외한 모든 재료를 믹서볼에 넣고 믹싱한다.

❹ 클린업 단계 이후 버터를 넣고 발전 후기단계까지 믹싱한다.

❺ 호두와 건포도를 넣고 최종단계까지 믹싱한다(반죽온도 27℃).

❻ 온도 27℃, 습도 75~80% 상태에서 30~40분 동안 1차발효 시킨다.

※ 시간보다는 상태를 보며 발효 시간을 조절한다.

❼ 250g씩 분할해 둥글리기 하고 10~15분 동안 중간발효 시킨다.

❽ 밀대로 반죽을 길게 밀어 편 다음 36~38㎝ 막대 모양을 만든다.

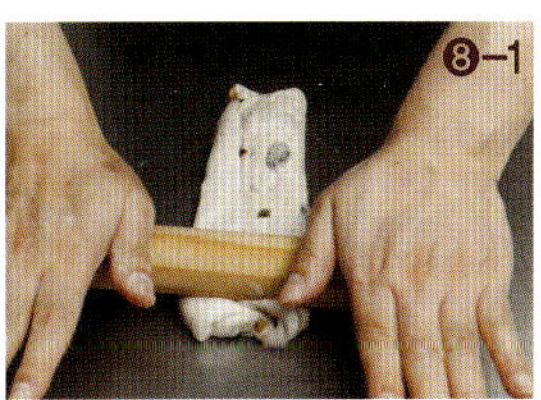

❶ 성형할 때 호두나 건포도가 반죽 밖으로 튀어나오지 않게 안으로 넣는다.

❷ 칼집을 낼 때 윗면을 3등분해 그 길이보다 조금 더 길게 넣어야 빵모양이 예쁘다.

❾ 겉면에 밀가루를 묻힌 뒤 철판에 간격을 맞춰 팬닝한다.

❿ 온도 27℃, 습도 75~80% 상태에서 30~40분 동안 2차발효 시킨다.

⓫ 윗면에 사선으로 3개의 칼집을 낸다.

⓬ 윗불 200℃, 아랫불 200℃ 오븐에서 20~25분간 굽는다.

*** 지급재료 목록**

일련 번호	재료명	규격	단위	수량	비고
1	밀가루	강력분	g	1500	1인용
2	건포도	건조과일	g	250	1인용
3	호두	견과류	g	250	1인용
4	설탕	정백당	g	100	1인용
5	소금	정제염	g	30	1인용
6	이스트	생이스트	g	50	1인용
7	제빵개량제	제빵용	g	15	1인용
8	버터	무염	g	150	1인용
9	달걀	60g(껍질포함)	개	2	1인용
10	우유	시유	㎖	300	1인용
11	얼음	식용	g	200	1인용 (겨울철제외)
12	위생지	식품용(8절지)	장	10	1인용
13	제품상자	제품포장용	개	1	5인 공용

제과산업기사 실기편

아몬드 제누아즈 Almond génoise

제누아즈는 일반적인 생크림 케이크에 들어 있는 케이크 시트를 말한다. 제누아즈 반죽의 제법은 공립법과 별립법 2가지로 나뉘는데, 공립법은 달걀 흰자와 노른자를 한 번에 넣고 거품을 내고 버터를 넣어 풍미를 더한 반죽법이다. 본 시험 항목 배합은 달걀의 양이 적어 구조력이 좋고 안정감은 있으나 부드러움이 적고 식감이 뻣뻣한 편이므로 참고한다.

시험시간	**2시간 (공립법)**
학습목표	1 '공립법'으로 아몬드 제누아즈를 만들 수 있다.
요구사항	1. 배합표의 각 재료를 계량하여 재료별로 진열하시오.(5분) 　• 재료계량(재료당 1분) → [감독위원 계량확인] → 작품제조 및 정리정돈(전체시험시간−재료계량시간) 　• 재료계량 시간 내에 계량을 완료하지 못하여 시간이 초과된 경우 및 계량을 잘못한 경우는 　　추가의 시간 부여 없이 작품제조 및 정리정돈 시간을 활용하여 요구사항의 무게대로 계량 　• 달걀의 계량은 감독위원이 지정하는 개수로 계량 2. 반죽은 공립법으로 제조하시오. 3. 반죽온도는 25℃를 표준으로 하시오. 4. 반죽의 비중을 측정하시오.(0.48±0.05) 5. 제시한 팬에 알맞도록 분할하시오. 6. 반죽은 전량을 사용하여 성형하시오.

* 배합표

재료명	비율(%)	무게(g)
박력분	80	640
아몬드가루	20	160
설탕	80	640
달걀	110	880
버터	15	120
계	306	2,440

* 만드는 법

❶ 믹서볼에 설탕, 달걀을 넣고 중탕해서 믹싱한다.

※ 저속 1분, 중속 5분, 고속 5분, 중속 3분, 저속 3분 순서로 믹싱한다.

※ 중탕온도는 43℃정도 이다.

❷ 박력분, 아몬드가루는 2번 정도 체 친 후 가볍게 혼합한다.

❸ 버터를 60℃ 정도로 녹여 2에 넣고 버터가 바닥에 가라앉지 않게 하면서 빠른 시간 내에 혼합한다(반죽온도 25℃, 비중 0.48±0.05).

❹ 위생지를 깐 3호팬 4개에 틀 용적의 60~65% 정도 반죽을 채운다.

※ 오븐에 넣기 전 팬을 바닥에 한번 내리쳐 반죽 윗쪽에 올라올 기포를 미리 터트려 준다.

❺ 윗불 180℃, 아랫불 160℃ 의 오븐에서 20~30분 동안 굽는다.

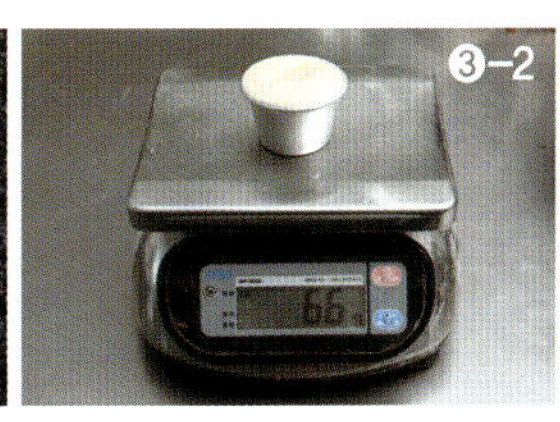

일련 번호	재료명	규격	단위	수량	비고
1	밀가루	박력분	g	700	1인용
2	달걀	60g(껍질포함)	g	19	1인용
3	설탕	정백당	g	660	1인용
4	버터	무염	g	140	1인용
5	아몬드가루	분말	g	180	1인용
6	위생지	식품용(8절지)	g	10	1인용
7	케이크종이 (원형)	케이크(3호)	장	4	1인용
8	제품상자	제품포장용	개	1	5인 공용
9	얼음	식용	g	200	1인용 (겨울철 제외)

비스퀴 아 라 퀴이에르 Biscuit à la cuillère

파트 아 비스퀴(pâte à biscuits)를 가느다랗게 짜고 슈거파우더를 뿌려 구운 과자. 사보이 핑거라고도 부르며 그대로 먹기도 하고 샤를로트 케이크 주위에 둘러 붙이기도 한다. 비스퀴 드 사보아와 거의 흡사하며 별립법, 시퐁법으로 모두 제조 가능하다. 아몬드분말이 들어가며 짤주머니에 담아 반죽을 모양내 짜야하기 때문에 반죽의 거품이 꺼지지 않도록 신속하게 작업하는 것이 중요하다.

시험시간	**1시간 30분**
학습목표	1. '별립법' 등으로 비스퀴 아 라 퀴이에르를 만들 수 있다.
요구사항	1. 배합표의 각 재료를 계량하여 재료별로 진열하시오(4분). • 재료계량(재료당 1분) → [감독위원 계량확인] → 작품제조 및 정리정돈(전체시험시간−재료계량시간) • 재료계량 시간 내에 계량을 완료하지 못하여 시간이 초과된 경우 및 계량을 잘못한 경우는 추가의 시간 부여 없이 작품제조 및 정리정돈 시간을 활용하여 요구사항의 무게대로 계량 • 달걀의 계량은 감독위원이 지정하는 개수로 계량 2. 반죽은 별립법(변형 가능)으로 제조하시오. 3. 반죽온도는 24℃를 표준으로 하시오. 4. 반죽의 용량을 감안하여 모양이 잘 나타나도록 분할 성형하시오. • 60cm×40cm 팬에 짤주머니를 이용하여 사선으로 한판을 짜시오. • 남은 반죽으로 다른 팬에 지름 15㎝ 원형 4개를 제작하시오(1호팬으로 원형 테두리를 그리거나 별도로 지참한 세르클 1호틀의 사용이 가능하며, 사선 또는 달팽이 모양으로 짜시오). 5. 반죽은 전량을 사용하여 성형하고 슈거파우더를 뿌리시오.

* 배합표

재료명	비율(%)	무게(g)
달걀	180	540
설탕	95	285
박력분	65	195
옥수수전분	20	60
아몬드분말	15	45
계	375	1,125
슈거파우더	30	90
계	30	90

* 만드는 법

❶ 철판 2개에 위생지를 각각 깐 뒤 1개의 위생지에는 지름 15㎝ 원형 4개를, 나머지 1개의 위생지에는 사선을 표시해 둔다.

❷ 볼에 노른자를 넣고 푼 다음 설탕 50~60g을 넣어 색이 밝아지고 설탕이 완전히 녹을 때까지 휘핑한다.

❸ 흰자를 믹서볼에 넣고 30% 정도 믹싱한 뒤 남은 설탕을 3번에 나누어 넣으며 휘핑해 머랭을 만든다.

❹ ②에 머랭 1/3을 넣고 섞는다.

❺ 함께 체 친 박력분, 옥수수전분, 아몬드분말을 넣고 섞는다.

❶ 지름 15㎝ 원형을 그릴 때 볼펜 등을 사용했을 경우 반죽에 잉크가 묻어나지 않도록 뒤집어 사용한다.

❷ 반죽 속 설탕이 완전히 녹지 않으면 제품의 윗면에 설탕 결정이 그대로 남아있을 수 있다.

❸ 머랭을 만들 때 설탕을 충분히 사용해야 안정적인 머랭을 만들 수 있다. 머랭이 안정적이어야 완성된 반죽 상태가 좋아 요구사항에 맞는 사선과 원형을 모두 짤 수 있으며 짠 모양 그대로 완성된다.

❹ 슈거파우더를 너무 많이 뿌려 구우면 제품 윗면이 터질 수 있다.

❻ 남은 머랭을 넣고 섞는다.

❼ 지름 1㎝ 원형 깍지를 낀 짤주머니에 반죽을 담아 위생지를 깐 철판 1장에 사선으로 짜 채운다.

❽ 남은 반죽은 유산지를 깐 다른 철판에 달팽이 모양으로 지름 15㎝ 원형 4개를 짠다.

❾ 슈거파우더를 골고루 뿌린다.

❿ 윗불 180℃, 아랫불 160℃ 오븐에서 12~15분간 굽는다.

* 지급재료 목록

일련번호	재료명	규격	단위	수량	비고
1	밀가루	박력분	g	250	1인용
2	달걀	60g(껍질포함)	개	12	1인용
3	설탕	정백당	g	350	1인용
4	옥수수전분	제과제빵용	g	70	1인용
5	슈거파우더	분말	g	130	1인용
6	아몬드분말	제과제빵용	g	60	1인용
7	위생지	식품용(8절지)	장	10	1인용
8	제품상자	제품포장용	개	1	5인 공용
9	얼음	식용	g	200	1인용 (겨울철 제외)

비스퀴 드 사보아 Biscuit de savoie

달걀 흰자를 설탕과 함께 휘핑해 단단한 머랭을 만들고 노른자와 섞은 비스퀴 반죽을 큼직한 틀에 구워 낸 프랑스 사부아(Savoie) 지방의 과자를 말한다. 밀가루보다 전분의 양이 많기 때문에 가루가 덩어리지지 않게 주의하며 신속하게 작업해 비중을 맞추는 것이 중요하다.

<table>
<tr><td>시험시간</td><td>2시간</td></tr>
<tr><td>학습목표</td><td>1. '시퐁법'으로 비스퀴 드 사보아를 만들 수 있다.</td></tr>
<tr><td rowspan="2">요구사항</td><td>1. 배합표의 각 재료를 계량하여 재료별로 진열하시오(4분).
　• 재료계량(재료당 1분) → [감독위원 계량확인] → 작품제조 및 정리정돈(전체시험시간−재료계량시간)
　• 재료계량 시간 내에 계량을 완료하지 못하여 시간이 초과된 경우 및 계량을 잘못한 경우는
　　추가의 시간 부여 없이 작품제조 및 정리정돈 시간을 활용하여 요구사항의 무게대로 계량
　• 달걀의 계량은 감독위원이 지정하는 개수로 계량
2. 반죽은 시퐁법으로 제조하시오.
3. 반죽온도는 25℃를 표준으로 하시오.
4. 반죽의 비중을 측정하시오(0.45±05).
5. 제시한 팬에 알맞도록 분할하시오.(팬에 버터와 설탕을 이용하여 이형제로 사용하고,
　구겔호프팬 3호 또는 시폰팬 3호 4개를 사용한다.)
6. 반죽은 전량을 사용하여 성형하시오.</td></tr>
</table>

* 배합표

재료명	비율(%)	무게(g)
달걀	240	840
설탕	130	455(456)
박력분	40	140
옥수수전분	60	210
바닐라에센스	2	7
우유	10	35
계	482	1,687

Point

❶ 팬에 버터와 설탕을 과하게 바르면 제품에 묻어나 얼룩이 생길 수 있다.

❷ 노른자에 설탕을 넣고 덩어리지지 않게 섞은 뒤 설탕을 완전히 녹이기 위해 우유를 추가해 섞는 것이 좋다.

❸ 설탕의 양이 많기 때문에 머랭에 안정성을 부여하기 위해 흰자를 30% 휘핑한 뒤에 설탕을 3번에 나누어 넣으며 휘핑한다.

* 만드는 법

❶ 팬에 버터를 얇게 바른 다음 설탕을 뿌려 코팅해 둔다.

❷ 볼에 노른자를 넣고 푼 다음 설탕 1/3을 넣어 덩어리지지 않게 섞는다.

❸ 우유를 넣고 설탕이 완전히 녹을 때까지 섞는다.

❹ 흰자를 믹서볼에 넣고 30% 정도 믹싱한 뒤 남은 설탕을 3번에 나누어 넣으며 휘핑해 머랭을 만든다.

❺ ②에 머랭 1/2을 넣고 섞는다.

❻ 함께 체 친 박력분과 옥수수전분, 바닐라에센스를 넣고 섞는다.

❼ 남은 머랭을 넣고 섞은 뒤 비중을 측정하여 0.45±05로 조절한다(반죽온도 25℃).

❹ 보통 노른자 반죽과 머랭을 섞을 때 노른자 반죽에 머랭 1/3과 가루류를 차례대로 넣고 섞는데 비스퀴 드 사보아 반죽은 전분과 밀가루의 양이 많은 편이기 때문에 머랭을 1/2 넣고 섞은 뒤 가루류를 섞는 것이 좋다.

❺ 팬에 반죽을 넣은 뒤 젓가락 등을 사용해 팬에 닿지 않게 주의하며 휘저어 고르게 정리한다. 제품 내부에 큰 기공이 생기거나 제품이 한쪽으로 쏠리거나 겉면에 구멍이 생기지 않게 하기 위함이다.

❽ 반죽을 4개의 팬에 골고루 나누어 넣는다.

❾ 윗불 175℃, 아랫불 160℃ 오븐에서 30분간 굽고 뒤집어 한 김 식힌 뒤 팬에서 떼어낸다.

*** 지급재료 목록**

일련 번호	재료명	규격	단위	수량	비고
1	밀가루	박력분	g	200	1인용
2	달걀	60g(껍질포함)	개	19	1인용
3	설탕	정백당	g	600	1인용
4	바닐라에센스	바닐라향	g	15	1인용
5	옥수수전분	옥수수전분	g	280	1인용
6	버터	제과제빵용	g	100	1인용
7	우유	시유	㎖	50	1인용
8	위생지	식품용(8절지)	장	10	1인용
9	제품상자	제품포장용	개	1	5인 공용
10	얼음	식용	g	200	1인용 (겨울철 제외)

제빵기능사 실기편

식빵
우유 식빵
옥수수 식빵
풀만 식빵

버터 톱 식빵
밤 식빵
쌀 식빵
호밀빵

버터롤
단과자빵
소보로빵
크림빵

스위트 롤
단팥빵
모카빵
통밀빵

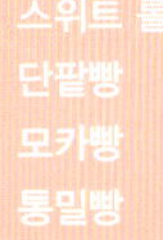

베이글
빵도넛
소시지빵
그리시니

식빵 White pan bread

비상스트레이트법

일반적으로 식빵은 틀에 구운 흰 빵을 의미한다. 그리고 식빵은 영국형과 미국형으로 나눌 수 있는데 영국형은 꼭대기를 자연스럽게 부풀려 산봉우리처럼 만든 것이고 미국형은 뚜껑을 덮어 평평하게 구운 것이다. 평평한 미국식 식빵을 풀만 식빵이라고도 한다. 또 용도에 따라 기본배합으로 만든 경우와 유지, 당분, 우유를 더 첨가한 경우로 나눌 수 있는데 전자는 토스트용이고 후자는 샌드위치용이다.

시험시간	**2시간 40분 (비상스트레이트법)**
학습목표	1. '비상스트레이트법' 배합표를 작성할 수 있다. 2. '비상스트레이트법'으로 식빵을 만들 수 있다.
요구사항	1. 배합표의 각 재료를 계량하여 재료별로 진열하시오(8분). 　• 재료계량(재료당 1분) → [감독위원 계량확인] → 작품제조 및 정리정돈(전체시험시간−재료계량시간) 　• 재료계량 시간 내에 계량을 완료하지 못하여 시간이 초과된 경우 및 계량을 잘못한 경우는 추가의 시간 　　부여 없이 작품제조 및 정리정돈 시간을 활용하여 요구사항의 무게대로 계량 　• 달걀의 계량은 감독위원이 지정하는 개수로 계량 2. 비상스트레이트법 공정에 의해 제조하시오(반죽온도는 30℃로 한다). 3. 표준분할무게는 170g으로 하고, 제시된 팬의 용량을 감안하여 결정하시오. 　(단, 분할무게×3을 1개의 식빵으로 함) 4. 반죽은 전량을 사용하여 성형하시오.

* 배합표

재료명	비상스트레이트	
	비율(%)	무게(g)
강력분	100	1,200
물	63	756
이스트	5	60
제빵개량제	2	24
설탕	5	60
쇼트닝	4	48
탈지분유	3	36
소금	1.8	21.6(22)
계	183.8	2,205.6 (2,206)

* 만드는 법

❶ 쇼트닝을 제외한 모든 재료를 믹서 볼에 넣고 믹싱한다.

❷ 클린업 단계에서 쇼트닝을 넣고 보통 식빵보다 20~25% 정도 더 믹싱한다.

※ **최종단계 : 후기 반죽의 반죽온도 30℃**

❸ 온도 30℃, 습도 75~80% 상태에서 15~30분간 1차발효 시킨다(비상법이므로 발효시간 단축).

※ **1차발효 상태는 처음 반죽 부피의 약 2배이다.**

❹ 170g씩 분할해 둥글리기한 후 10~15분간 중간발효 시킨다.

※ **틀의 비용적을 계산해 분할무게를 결정한다.**

> • 분할무게＝틀의 용적÷비용적, 식빵비용적＝3.3cm³/g
> • 틀규격＝가로8.7cm×세로20.2cm×높이9.6cm
> • 산형식빵 비용적 3.2cm³/g ~ 3.5cm³/g

❺ 밀대로 반죽을 밀어 가스를 빼고 3겹 접기를 한 다음 단단하고 둥글게 만다.

❻ 성형한 반죽을 이음매가 바닥으로 가도록 3개씩 틀에 채운다.

재료		반죽 조건	
물	1% 줄임	반죽시간	20~25% 늘림
설탕	1% 줄임	반죽온도	29~30℃
이스트	25~50%	1차 발효시간	15~30분

❼ 온도 35~38℃, 습도 85% 상태에서 40분간 2차발효 시킨다.

※ 반죽의 제일 높은 부분이 틀 높이와 같거나 0.5㎝ 정도 올라온 상태가 적당하다.

❽ 윗불 175℃, 아랫불 180℃ 오븐에서 30~35분간 굽는다.

※ 25분부터는 색깔을 살피고 밑면, 옆면에도 구운색이 나도록 한다.

Point

❶ 이음매 부분이 아래로 오도록 팬닝 한다.

❷ 반죽을 밀어 펴기할 때에는 두께가 너무 얇지 않도록 한다.

❸ 2차발효 시 과발효되지 않도록 한다.

❹ 틀에 반죽을 넣을 때 손등으로 가볍게 눌러주어 움푹 들어가는 것을 방지한다.

*** 지급재료 목록**

일련 번호	재료명	규격	단위	수량
1	밀가루	강력분	g	1,320
2	설탕	정백당	g	70
3	소금	정제염	g	30
4	식용유	대두유	㎖	50
5	이스트	생이스트	g	65
6	제빵개량제	제빵용	g	30
7	쇼트닝	제과제빵용	g	55
8	탈지분유	제과제빵용	g	45
9	얼음	식용	g	200
10	위생지	식품용 (8절지)	장	10
11	제품상자	제품포장용	개	1

우유식빵 Milk pan bread

우유는 수분 88%와 고형분 12%로 이뤄져 있다. 따라서 반죽에 물 대신 우유를 사용할 때는 고형분 12%에 해당하는 양을 더 추가한다. 우유식빵을 만들 때는 보통의 식빵에 들어가는 수분 62%보다 약 10%가 더 추가된 68%의 우유를 넣어줘야 한다.

시험시간	3시간 40분
학습목표	1. '스트레이트법'으로 우유를 넣어 식빵을 만들 수 있다. 2. 우유의 특성을 알 수 있다.
요구사항	1. 배합표의 각 재료를 계량하여 재료별로 진열하시오(8분). • 재료계량(재료당 1분) → [감독위원 계량확인] → 작품제조 및 정리정돈(전체시험시간−재료계량시간) • 재료계량 시간 내에 계량을 완료하지 못하여 시간이 초과된 경우 및 계량을 잘못한 경우는 추가의 시간 부여 없이 작품제조 및 정리정돈 시간을 활용하여 요구사항의 무게대로 계량 • 달걀의 계량은 감독위원이 지정하는 개수로 계량 2. 반죽은 스트레이트법으로 제조하시오(단, 유지는 클린업 단계에 첨가하시오). 3. 반죽온도는 27℃를 표준으로 하시오. 4. 표준분할무게는 180g으로 하고, 제시된 팬의 용량을 감안하여 결정하시오. (단, 분할무게×3을 1개의 식빵으로 함) 5. 반죽은 전량을 사용하여 성형하시오.

* 배합표

재료명	비율(%)	무게(g)
강력분	100	1,200
우유	40	480
물	29	348
이스트	4	48
제빵개량제	1	12
소금	2	24
설탕	5	60
쇼트닝	4	48
계	185	2,220

* 만드는 법

❶ 쇼트닝을 제외한 모든 재료를 믹서 볼에 넣고 믹싱한다.

❷ 클린업 단계에서 쇼트닝을 넣고 최종단계까지 믹싱한다(반죽온도 27℃).

※ 반죽의 글루텐을 완전히 발전시켜 유연하고 부드러운 상태로 만든다.

❸ 온도 27℃, 습도 75~80% 상태에서 60~70분간 1차발효를 시킨다.

※ 1차발효 상태는 처음 반죽 부피의 3.5~4배이다.

❹ 180g씩 분할해 둥글리기한 후 10~15분간 중간발효를 시킨다.

❺ 밀대로 반죽을 밀어 가스를 빼고 3겹 접기를 한 다음 단단하고 둥글게 만다. 이음매도 잘 봉한다.

❻ 성형한 반죽을 3개씩 나란히 식빵 틀에 채운다.

※ 밑면이 좋게 나오게 하기 위해 틀에 반죽을 넣은 후 가볍게 눌러준다.

❼ 온도 35~38℃, 습도 85% 상태에서 45~50분간 2차발효를 시킨다.

※ 가스 보유력이 최대인 상태로, 틀 위로 1㎝ 정도 올라온 상태가 적당하다.

❽ 윗불 175℃, 아랫불 180℃, 오븐에서 30~35분간 굽는다.

Point

❶ 우유는 중탕으로 가열한 후 냉각시켜 사용한다(우유 단백질이 글루텐을 연화시키므로 가열하여 단백질을 변성시킨 후 사용한다).

❷ 반죽의 힘이 강하므로 반죽시간을 오래 잡는다.

❸ 우유 식빵은 우유에 포함된 젖당 때문에 일반 식빵에 비해 구운 색이 빨리 드는 편이므로 구울 때 각별히 주의해야 한다.

*** 지급재료 목록**

일련 번호	재료명	규격	단위	수량
1	밀가루	강력분	g	1,320
2	쇼트닝	제과제빵용	g	53
3	설탕	정백당	g	66
4	소금	정제염	g	26
5	이스트	생이스트	g	55
6	제빵개량제	제빵용	g	15
7	우유	시유	㎖	520
8	식용유	대두유	㎖	50
9	얼음	식용	g	200
10	위생지	식품용 (8절지)	장	10
11	제품상자	제품포장용	개	1

옥수수 식빵 Corn pan bread

옥수수 식빵을 만들 때는 물 조절에 신경을 써야 한다. 옥수수분말(찰옥수수, 알파콘)은 원래 찰진 성질이 있어 배합상의 물을 다 넣으면 처음에는 조금 진 느낌을 준다. 그러나 물의 양을 배합대로 지키고 적절한 글루텐을 생성시키는 것이 중요하다.

한편 밀가루 대신 옥수수 등의 다른 곡물가루를 첨가하게 되면 기본 배합에 비해 글루텐 함량이 줄어들어 반죽에 힘이 없게 된다. 따라서 밀가루에 들어 있는 글루텐을 뽑아 건조시킨 활성글루텐(건조글루텐)을 밀가루 대비 2~3% 정도 사용해야 한다.

시험시간	3시간 40분
학습목표	1. '스트레이트법'으로 옥수수분말을 넣은 식빵을 만들 수 있다. 2. 옥수수분말의 특성과 영양을 알 수 있다.
요구사항	1. 배합표의 각 재료를 계량하여 재료별로 진열하시오(10분). 　• 재료계량(재료당 1분) → [감독위원 계량확인] → 작품제조 및 정리정돈(전체시험시간−재료계량시간) 　• 재료계량 시간 내에 계량을 완료하지 못하여 시간이 초과된 경우 및 계량을 잘못한 경우는 추가의 시간 　　부여 없이 작품제조 및 정리정돈 시간을 활용하여 요구사항의 무게대로 계량 　• 달걀의 계량은 감독위원이 지정하는 개수로 계량 2. 반죽은 스트레이트법으로 제조하시오(단, 유지는 클린업 단계에 첨가하시오). 3. 반죽온도는 27℃를 표준으로 하시오. 4. 표준분할무게는 180g으로 하고, 제시된 팬의 용량을 감안하여 결정하시오. 　(단, 분할무게×3을 1개의 식빵으로 함) 5. 반죽은 전량을 사용하여 성형하시오.

* 배합표

재료명	비율(%)	무게(g)
강력분	80	960
옥수수분말	20	240
물	60	720
이스트	3	36
제빵개량제	1	12
소금	2	24
설탕	8	96
쇼트닝	7	84
탈지분유	3	36
달걀	5	60
계	189	2,268

* 만드는 법

❶ 쇼트닝을 제외한 모든 재료를 믹서 볼에 넣고 믹싱한다.

❷ 클린업 단계에서 쇼트닝을 넣고 보통 식빵 반죽의 90% 정도까지 믹싱한다(반죽온도 27℃).

※ 옥수수분말을 사용하게 되면 글루텐을 만들어주는 단백질 함량이 줄어들기 때문에 반죽시간이 짧아진다.

❸ 온도 27℃, 습도 75~80% 상태에서 70~80분간 1차발효 시킨다.

❹ 180g씩 분할해 둥글리기한 후 10~20분간 중간발효 시킨다.
※ 보통의 식빵보다 분할량을 10~15% 늘린다.
※ 한덩어리(one loaf)형의 분할은 580g으로 한다.

❺ 반죽을 밀대로 밀어 가스를 뺀 후 3겹 접기를 한 다음 단단하고 둥글게 만다.

❻ 성형한 반죽을 3개씩 틀에 채워 넣는다.

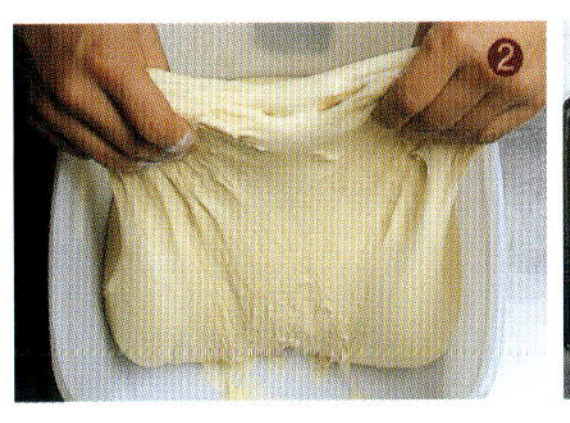
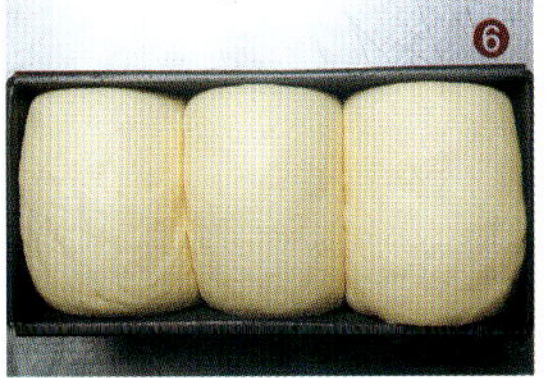

❼ 온도 35~38℃, 습도 85% 상태에서 45~50분간 2차발효
시킨다.

※ 가스보유력이 최대인 상태로 반죽의 제일 높은 부분이 틀 위로 1㎝ 정도
올라온 상태가 적당하다.

❽ 윗불180℃, 아랫불 180℃ 오븐에서 30~35분간 굽는다.

❶ 반죽이 질어지는 느낌이 있으므로
물의 양을 조절한다.

❷ 오버믹싱으로 인해 반죽이 처지지
않도록 한다.

❸ 오븐 팽창이 부족하므로 분할량을
10~15% 증가시킨다.

❹ 반죽량이 많으므로 충분하게 굽는다.

❺ 옥수수분말은 열에 약하기 때문에 구
울 때 윗면 색깔에 주의한다(윗면에
색깔이 나면 윗불을 줄이고 아랫불로
굽는다).

* **지급재료 목록**

일련번호	재료명	규격	단위	수량
1	밀가루	강력분	g	1,060
2	옥수수분말	제과제빵용 (알파)	g	260
3	이스트	생이스트	g	45
4	제빵개량제	제빵용	g	15
5	소금	정제염	g	25
6	설탕	정백당	g	100
7	쇼트닝	제과제빵용	g	100
8	탈지분유	제과제빵용	g	40
9	달걀	60g (껍질포함)	개	2
10	식용유	대두유	㎖	50
11	얼음	식용	g	200
12	위생지	식품용 (8절지)	장	10
13	제품상자	제품포장용	개	1

풀만 식빵 Pullman bread

19세기 후반, 미국의 발명가 조지 풀만(G.Pullman)이 고안한 기차와 모양이 비슷하다하여 이름 지어진 식빵. 뚜껑이 달린 식빵 틀(풀만 브레드 틀)에 구운 네모반듯한 모양의 빵이다. 샌드위치용으로 주로 사용하여 샌드위치용 식빵이라고도 한다.

풀만 식빵 틀은 보통 식빵 틀보다 폭이 넓고, 높이가 높은 대신 길이가 짧다. 보통 식빵보다 조금 크게 분할해야 한다. 또 보통 식빵보다 10분 정도 더 구워야 주저앉지 않는다.

시험시간	3시간 40분
학습목표	1. '스트레이트법'으로 뚜껑을 덮어 풀만 식빵을 만들 수 있다.
요구사항	1. 배합표의 각 재료를 계량하여 재료별로 진열하시오(9분). 　• 재료계량(재료당 1분) → [감독위원 계량확인] → 작품제조 및 정리정돈(전체시험시간−재료계량시간) 　• 재료계량 시간 내에 계량을 완료하지 못하여 시간이 초과된 경우 및 계량을 잘못한 경우는 추가의 시간 부여 없이 작품제조 및 정리정돈 시간을 활용하여 요구사항의 무게대로 계량 　• 달걀의 계량은 감독위원이 지정하는 개수로 계량 2. 반죽은 스트레이트법으로 제조하시오(단, 유지는 클린업 단계에 첨가하시오). 3. 반죽온도는 27℃를 표준으로 하시오. 4. 표준분할무게는 250g으로 하고, 제시된 팬의 용량을 감안하여 결정하시오. 　(단, 분할무게×2를 1개의 식빵으로 함) 5. 반죽은 전량을 사용하여 성형하시오.

* 배합표

재료명	비율(%)	무게(g)
강력분	100	1400
물	58	812
이스트	4	56
제빵개량제	1	14
소금	2	28
설탕	6	84
쇼트닝	4	56
달걀	5	70
분유	3	42
계	183	2,562

* 만드는 법

❶ 쇼트닝을 제외한 모든 재료를 믹서 볼에 넣고 믹싱한다.

❷ 클린업 단계에서 쇼트닝을 넣고 최종단계까지 믹싱한다 (반죽온도 27℃).

❸ 온도 27℃, 습도 75~80% 상태에서 60~70분간 1차발효를 시킨다.

※ 글루텐의 숙성이 최적인 상태에서 그친다.

❹ 틀의 비용적을 계산해 분할 무게를 결정한다. 분할 후 둥글리기 해서 10~15분간 중간발효 시킨다(분할 : 250g).

※ 틀에 몇 개씩 넣을 것인가 감독위원의 지시에 따른 후 분할무게를 결정 한다.

※ 분할 무게＝틀의 용적÷비용적, 풀만 식빵 비용적＝3.8cm³/g

※ 틀 규격 : 16cm×11.4cm×12.4cm

❺ 반죽을 밀대로 밀어 가스를 빼고 3겹 접기를 한 다음 단단하고 둥글게 만다.

※ 풀만 식빵 틀은 보통 식빵 틀보다 크므로 더 길고 넓게 민다.

❻ 성형한 반죽을 2개씩 나란히 풀만 식빵 틀에 채워 넣는다.

❼ 온도 35~38℃, 습도 85% 상태에서 40분간 2차발효 시킨다.

※ 2차발효된 정도는 시간보다는 틀 높이로 조절한다. 틀 높이보다 0.5㎝ 정도 낮은 것이 알맞다.

❽ 뚜껑을 덮고 윗불 180℃, 아랫불 180℃ 오븐에서 35~40분간 굽는다.

※ 보통 식빵보다 10분 정도 더 굽는다. 모든 면의 색이 고르게 나야 한다.

※ 뒤집어 잠시 냉각시킨 후 다시 뒤집는다.

❶ 풀만 식빵은 모서리에 빈틈이 생기거나 너무 부풀어 올라 윗면이 조밀해지지 않도록 2차 발효점을 잘 맞춰야 한다.

* 지급재료 목록

일련 번호	재료명	규격	단위	수량
1	밀가루	강력분	g	1,540
2	설탕	정백당	g	92
3	쇼트닝	제과(빵)용	g	62
4	소금	정제염	g	31
5	이스트	생이스트	g	65
6	제빵개량제	제빵용	g	15
7	탈지분유	제과제빵용	g	46
8	달걀	60g (껍질포함)	개	2
9	식용유	대두유	㎖	50
10	얼음	식용	g	200
11	위생지	식품용 (8절지)	장	10
12	제품상자	제품포장용	개	1

버터 톱 식빵 Butter top bread

버터 톱 식빵은 버터맛과 향이 풍부하고 부드러운 식빵이다. 특히 유지가 많은 제품이므로 충분히 믹싱한 후 유지를 투입해 주고, 단단할 경우에는 약간 으깨서 사용하는 것이 좋다.

시험시간	3시간 30분
학습목표	1. '스트레이트법'으로 버터를 넣은 식빵을 만들 수 있다. 2. 2차발효된 반죽 윗면을 자르고 그 위에 버터를 짤 수 있다.
요구사항	1. 배합표의 각 재료를 계량하여 재료별로 진열하시오(9분). (충전용, 토핑용 재료는 계량시간에서 제외) • 재료계량(재료당 1분) → [감독위원 계량확인] → 작품제조 및 정리정돈(전체시험시간−재료계량시간) • 재료계량 시간 내에 계량을 완료하지 못하여 시간이 초과된 경우 및 계량을 잘못한 경우는 추가의 시간 부여 없이 작품제조 및 정리정돈 시간을 활용하여 요구사항의 무게대로 계량 • 달걀의 계량은 감독위원이 지정하는 개수로 계량 2. 반죽은 스트레이트법으로 만드시오(단, 유지는 클린업 단계에 첨가하시오). 3. 반죽온도는 27℃를 표준으로 하시오. 4. 분할무게 460g 짜리 5개를 만드시오(한 덩이 : one loaf). 5. 윗면을 길이로 자르고 버터를 짜 넣는 형태로 만드시오. 6. 반죽은 전량을 사용하여 성형하시오.

*** 배합표**

재료명	비율(%)	무게(g)
강력분	100	1,200
물	40	480
이스트	4	48
제빵개량제	1	12
소금	1.8	21.6(22)
설탕	6	72
버터	20	240
탈지분유	3	36
달걀	20	240
계	195.8	2,349.6 (2,350)
버터 (바르기용)	5	60

*** 만드는 법**

❶ 버터를 제외한 모든 재료를 믹서 볼에 넣고 믹싱한다.

❷ 클린업 단계에서 버터를 넣고 최종단계까지 믹싱한다 (반죽온도 27℃).

❸ 온도 27℃, 습도 75% 상태에서 50~60분간 1차발효 시킨다.

❹ 460g씩 분할, 한 덩이(One loaf)형으로 성형하고 15~20분간 중간발효 시킨다.

❺ 밀대로 반죽을 길게 밀어 가스를 빼고, 둥글게 말아 팬에 넣는다.

❻ 온도 38℃, 습도 85% 상태에서 30~35분간 2차발효 시킨다.

❼ 발효가 80% 정도 되었을 때(팬 밑 2.5cm) 반죽의 중앙 부분을 0.5cm 깊이로 칼집을 내고, 버터를 짜준다.

❽ 달걀물칠을 한 다음 윗불 180℃, 아랫불 180℃의 오븐에서 30분간 구워낸다.

❶ 버터는 클린업 단계에서 조금씩 넣는다.

❷ 버터를 짜넣기 위해 윗면을 자를 때에는 너무 깊게 자르지 않도록 하며, 버터는 적당한 굵기로 일정하게 짜는 것이 윗면의 터짐을 보기 좋게 만드는 포인트이다.

*** 지급재료 목록**

일련번호	재료명	규격	단위	수량
1	밀가루	강력분	g	1,320
2	이스트	생이스트	g	53
3	설탕	정백당	g	80
4	탈지분유	제과제빵용	g	40
5	버터	무염	g	330
6	소금	정제염	g	24
7	제빵개량제	제빵용	g	14
8	식용유	대두유	㎖	20
9	달걀	60g (껍질포함)	개	5
10	얼음	식용	g	100
11	위생지	식품용 (8절지)	장	10
12	제품상자	제품포장용	개	1

밤 식빵 Chestnut pan bread

밤의 씹히는 촉감, 토핑의 바삭거림, 빵의 쫄깃한 식감이 어우러진 부드러운 식빵이다. 성형할 때 당조림 된 밤을 반죽에 고루 펴 밤의 분포가 균일하도록 해야 한다. 2차발효된 반죽 윗면에 짜는 토핑물을 너무 많이 짜서 굽기 중에 흘러넘치지 않도록 한다. 함몰 부분이 없고 대칭 형태가 되게 한다.

시험시간	3시간 40분
학습목표	1. '크림법'으로 토핑을 만들 수 있다. 2. '스트레이트법'으로 밤을 넣은 식빵을 만들 수 있다.

요구사항

1. 반죽 재료를 계량하여 재료별로 진열하시오(10분).

   (충전용, 토핑용 재료는 계량시간에서 제외)
   - 재료계량(재료당 1분) → [감독위원 계량확인] → 작품제조 및 정리정돈(전체시험시간−재료계량시간)
   - 재료계량 시간 내에 계량을 완료하지 못하여 시간이 초과된 경우 및 계량을 잘못한 경우는 추가의 시간 부여 없이 작품제조 및 정리정돈 시간을 활용하여 요구사항의 무게대로 계량
   - 달걀의 계량은 감독위원이 지정하는 개수로 계량
2. 반죽은 스트레이트법으로 제조하시오.
3. 반죽온도는 27℃를 표준으로 하시오.
4. 분할무게는 450g으로 하고, 성형시 450g의 반죽에 80g의 통조림 밤을 넣고 정형하시오(한 덩이 : one loaf).
5. 토핑물을 제조하여 굽기 전에 토핑하고 아몬드를 뿌리시오.
6. 반죽은 전량을 사용하여 성형하시오.

* 배합표

재료명	비율(%)	무게(g)
강력분	80	960
중력분	20	240
물	52	624
이스트	4.5	54
제빵개량제	1	12
소금	2	24
설탕	12	144
버터	8	96
탈지분유	3	36
달걀	10	120
계	192.5	2,310
밤(다이스) (시럽제외)	35	420

* 만드는 법

❶ 밤과 버터를 제외한 모든 재료를 믹서 볼에 넣고 믹싱한다.

❷ 클린업 단계에서 버터를 넣고 최종단계까지 믹싱한다(반죽온도 27℃).

❸ 온도 27℃, 습도 75% 상태에서 60~70분간 1차발효 시킨다.

❹ 450g씩 분할해 둥글리기 한 다음 15분간 중간발효 시킨다.

❺ 밀대로 반죽을 길게 밀어 가스빼기를 한 다음 밤을 골고루 뿌리고 둥글게 말아 팬에 넣는다(밤은 80g).

❻ 온도 38℃, 습도 85% 상태에서 40~45분간 2차발효 시킨다.

❼ 토핑물을 반죽 표면에 짠 다음 슬라이스 아몬드를 뿌린다.

❽ 윗불 170℃, 아랫불 175℃ 오븐에서 30분간 구워낸다.

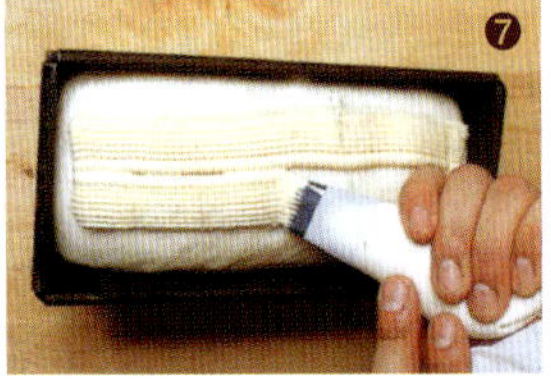

재료명	비율(%)	무게(g)
마가린	100	100
설탕	60	60
베이킹파우더	2	2
달걀	60	60
중력분	100	100
아몬드 슬라이스	50	50
계	372	372

토핑물 만들기

❶ 마가린, 설탕은 크림상태로 만든다.

❷ 달걀을 조금씩 넣으면서 계속 저어 크림상태로 만든다.

❸ 체에 친 중력분과 베이킹파우더를 2에 넣고 잘 섞는다.

Point

❶ 버터량이 많은 제품이므로 오븐 팽창이 크기 때문에 80% 정도 2차발효시킨다.

❷ 토핑물은 전체적으로 짜지 말고 가운데를 기준으로 3줄 정도 짜준다. 오븐 열에 의하여 퍼지면서 전체적으로 덮어준다.

❸ 밤 식빵은 중력분을 20% 사용하여 강력 밀가루만을 사용하는 일반 식빵에 비해 글루텐이 약하고 부드럽다(오븐스프링이 크기 때문에 옆면이 찌그러지기 쉬운 제품이니 2차 발효점에 주의한다).

❹ 오븐에서 꺼낸 후 식빵 틀에서 뺄 때 토핑이 부서지지 않게 주의한다.

*** 지급재료 목록**

일련번호	재료명	규격	단위	수량
1	밀가루	강력분	g	1,060
2	밀가루	중력분	g	380
3	설탕	정백당	g	230
4	이스트	생이스트	g	60
5	탈지분유	제빵용	g	40
6	버터	무염	g	110
7	소금	정제염	g	30
8	제빵개량제	제빵용	g	14
9	밤(다이스)	당조림	g	900
10	달걀	60g (껍질포함)	개	4
11	마가린	제과제빵용	g	120
12	베이킹파우더	제과빵용	g	3
13	아몬드 (슬라이스)	제과제빵용	g	60
14	얼음	식용	g	220
15	위생지	식품용 (8절지)	장	10
16	제품상자	제품포장용	개	1

제과업계내 최대 화두인 '건강'과 쌀빵에 대한 소비자들의 수요가 날로 늘어나고 있는 시류를 반영한 쌀식빵. 더불어 쌀 소비의 촉진에도 일조하는 경제적인 순기능으로 쌀빵에 대한 관심은 업계 안팎으로 더욱 높아질 것으로 전망된다.

시험시간	3시간 40분
학습목표	1. '스트레이트법'으로 쌀을 넣어 식빵을 만들 수 있다.
요구사항	1. 배합표의 각 재료를 계량하여 재료별로 진열하시오(9분). 2. 반죽은 스트레이트법으로 제조하시오. (단, 유지는 클린업 단계에서 첨가하시오.) 3. 반죽온도는 27℃를 표준으로 하시오. 4. 분할무게는 198g씩으로 하고, 제시된 팬의 용량을 감안하여 결정하시오. 　(단, 분할무게×3을 1개의 식빵으로 함) 5. 반죽은 전량을 사용하여 성형하시오.

＊ 배합표

재료명	비율(%)	무게(g)
강력분	70	910
쌀가루	30	390
물	63	819(820)
이스트	3	39(40)
소금	1.8	23.4(24)
설탕	7	91(90)
쇼트닝	5	65(66)
탈지분유	4	52
제빵개량제	2	26
계	185.8	2,415.4 (2,418)

＊ 만드는 법

❶ 쇼트닝을 제외한 모든 재료를 믹서 볼에 넣고 믹싱한다.

❷ 클린업 단계에서 쇼트닝을 넣고 최종단계까지 믹싱한다
(반죽온도 27℃).

※ 반죽의 글루텐을 완전히 발전시켜 유연하고 부드러운 상태로 만든다.

❸ 온도 27℃, 습도 75~80% 상태에서 60~70분간 1차발효를
시킨다.

※ 1차발효 상태는 처음 반죽 부피의 3.5~4배이다.

❹ 198g씩 분할해 둥글리기한 후 10~15분간 중간발효를 시킨다.

❺ 밀대로 반죽을 밀어 가스를 빼고 3겹 접기를 한 다음 단단하고
둥글게 만다. 이음매도 잘 봉한다.

❻ 성형한 반죽을 3개씩 나란히 식빵 틀에 재운다.

※ 밑면이 좋게 나오게 하기 위해 틀에 반죽을 넣은 후 가볍게 눌러준다.

❼ 온도 35~38℃, 습도 85% 상태에서 45~50분간 2차발효를
시킨다.

※ 가스 보유력이 최대인 상태로, 틀 위로 1cm 정도 올라온 상태가 적당하다.

❽ 윗불 175℃, 아랫불 180℃ 오븐에서 30~35분간 굽는다.

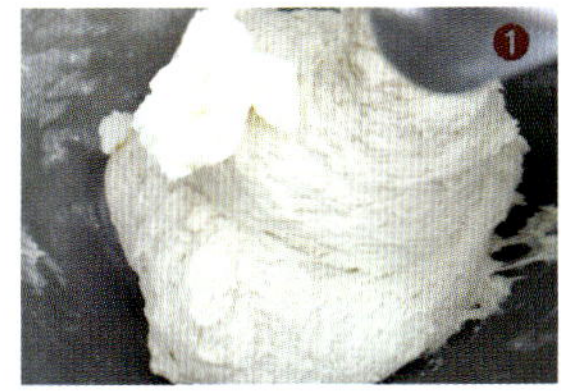

Point

❶ 쌀식빵의 경우 믹싱 시간이 짧아진다.

❷ 쌀가루는 건조된 상태에서 빻은 '건식' 쌀가루를 사용한다.

❸ 빵 반죽을 원활하게 발효시키고 품질을 안정화시키는데 사용되는 제빵개량제는, 쌀가루를 사용할 경우 그 비율이 높아진다.

*** 지급재료 목록**

일련번호	재료명	규격	단위	수량	비고
1	밀가루	강력분	g	1,000	1인용
2	쌀가루	강력쌀가루 (제과제빵용)	g	430	1인용
3	설탕	정백당	g	100	1인용
4	쇼트닝	제과제빵용	g	72	1인용
5	소금	정제염	g	26	1인용
6	탈지분유	제과제빵용	g	60	1인용
7	이스트	생이스트	g	43	1인용
8	제빵개량제	제빵용	g	29	1인용
9	식용유	대두유	mL	50	1인용
10	위생지	식품용 (8절지)	장	10	1인용
11	제품상자	제품포장용	개	1	5인 공용
12	얼음		g	200	1인용 (겨울철 제외)

호밀빵 Rye bread

호밀빵은 밀가루로 만든 식빵보다 색깔이 어두워 일명 '흑빵', 또는 독일에서 많이 만들기 때문에 '독일빵'이라고도 한다. 또 영어식 표현 그대로 라이 브레드(Rye bread)로도 불린다. 정통 독일식 호밀빵(로겐 브로트)은 밀가루에 최고 90%의 호밀가루를 혼합해 만들기도 한다. 그러나 각 나라마다 배합량에 차이가 있어 미국식은 20~30%, 독일식은 30~50%, 러시아식은 50~75%이며 보통은 밀가루 전체의 10~30%를 호밀가루로 섞어 만든다.

시험시간	3시간 30분
학습목표	1. '스트레이트법'으로 호밀가루를 넣은 빵을 만들 수 있다. 2. 호밀가루의 특성과 영양을 알 수 있다.
요구사항	1. 배합표의 각 재료를 계량하여 재료별로 진열하시오(10분). • 재료계량(재료당 1분) → [감독위원 계량확인] → 작품제조 및 정리정돈(전체시험시간−재료계량시간) • 재료계량 시간 내에 계량을 완료하지 못하여 시간이 초과된 경우 및 계량을 잘못한 경우는 추가의 시간 부여 없이 작품제조 및 정리정돈 시간을 활용하여 요구사항의 무게대로 계량 • 달걀의 계량은 감독위원이 지정하는 개수로 계량 2. 반죽은 스트레이트법으로 제조하시오(반죽 상태에 따라 물의 양 조절 60~65%). 3. 반죽온도는 25℃를 표준으로 하시오. 4. 표준분할무게는 330g으로 하시오. 5. 제품의 형태는 타원형(럭비공 모양)으로 제조하고, 칼집모양을 가운데 일자로 내시오. 6. 반죽은 전량을 사용하여 성형하시오.

* 배합표

재료명	비율(%)	무게(g)
강력분	70	770
호밀가루	30	330
이스트	3	33
제빵개량제	1	11(12)
물	60~65	660~715
소금	2	22
황설탕	3	33(34)
쇼트닝	5	55(56)
탈지분유	2	22
몰트액	2	22
계	178~183	1,958~2,016

* 만드는 법

❶ 쇼트닝을 제외한 모든 재료를 믹서 볼에 넣고 믹싱한다.

❷ 클린업 단계에서 쇼트닝을 넣고 보통 식빵 반죽의 80% 정도, 즉 발전단계 후기까지 믹싱한다(반죽온도 25℃).

※ 호밀가루의 사용량이 많을수록 반죽시간이 단축된다.

❸ 온도 27℃, 습도 80% 상태에서 70~80분간 1차발효 시킨다.

※ 보통 식빵 반죽보다 덜 발효시킨다.

❹ 330g씩 분할해 둥글리기한 후 15~20분간 중간발효 시킨다.

❺ 밀대로 반죽을 밀어 가스를 빼고 타원형(럭비공 모양)으로 만든다.

❻ 성형한 반죽을 팬에 올린다.

❼ 온도 32~35℃, 습도 85% 상태에서 50~60분간 2차발효 시킨다.

※ 오븐 팽창률이 적으므로 반죽이 틀 위로 1.5~2㎝ 정도 부풀도록 발효시킨다.

❽ 윗불 180~190℃, 아랫불 190~200℃ 오븐에서 30~35분간 굽는다.

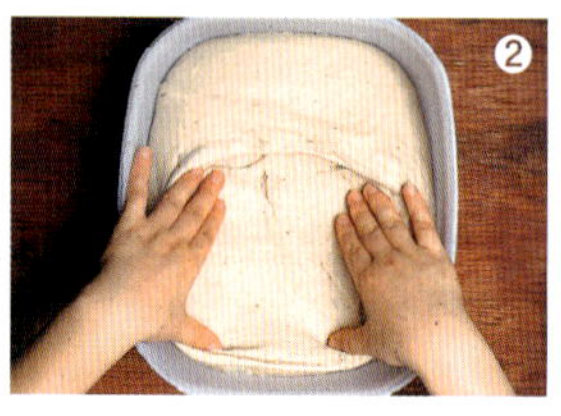

❶ 황설탕과 당밀은 물에 고르게 풀어 사용한다.

❷ 반죽온도가 높으면 반죽이 질어지는 현상이 생긴다.

❸ 2차 발효 후 칼집을 낼 때 실온에서 호밀빵 겉면을 살짝 말린 후 칼집을 넣어야 밀리지 않고 낼 수 있다.

*** 지급재료 목록**

일련 번호	재료명	규격	단위	수량
1	밀가루	강력분	g	800
2	호밀가루	제빵용	g	350
3	이스트	생이스트	g	40
4	제빵개량제	제빵용	g	14
5	소금	정제염	g	25
6	황설탕		g	40
7	쇼트닝	제과제빵용	g	60
8	탈지분유	제과제빵용	g	25
9	몰트액	제과제빵용	g	25
10	식용유	대두유	mℓ	50
11	얼음	식용	g	200
12	위생지	식품용 (8절지)	장	10
13	제품상자	제품포장용	개	1

버터롤 Butter roll

시험시간	3시간 30분
학습목표	1. 번데기 모양의 소형 롤빵을 만들 수 있다.
요구사항	1. 배합표의 각 재료를 계량하여 재료별로 진열하시오(9분). • 재료계량(재료당 1분) → [감독위원 계량확인] → 작품제조 및 정리정돈(전체시험시간-재료계량시간) • 재료계량 시간 내에 계량을 완료하지 못하여 시간이 초과된 경우 및 계량을 잘못한 경우는 추가의 시간 부여 없이 작품제조 및 정리정돈 시간을 활용하여 요구사항의 무게대로 계량 • 달걀의 계량은 감독위원이 지정하는 개수로 계량 2. 반죽은 스트레이트법으로 제조하시오. (단, 유지는 클린업 단계에 첨가하시오.) 3. 반죽온도는 27℃를 표준으로 하시오. 4. 반죽 1개의 분할무게는 50g으로 제조하시오. 5. 제품의 형태는 번데기 모양으로 제조하시오. 6. 24개를 성형하고, 남은 반죽은 감독위원의 지시에 따라 별도로 제출하시오.

* 배합표

재료명	비율(%)	무게(g)
강력분	100	900
설탕	10	90
소금	2	18
버터	15	135(134)
탈지분유	3	27(26)
달걀	8	72
이스트	4	36
제빵개량제	1	9(8)
물	53	477(476)
계	196	1,764

* 만드는 법

❶ 버터를 제외한 모든 재료를 믹서 볼에 넣고 믹싱한다.

❷ 클린업 단계에서 버터를 넣고 최종단계까지 믹싱한다 (반죽온도 27℃).

❸ 온도 27℃, 습도 75~80% 상태에서 60분간 1차발효 시킨다.

❹ 50g씩 분할해 둥글리기한 후 10~15분간 중간발효 시킨다.

❺ 올챙이처럼 한쪽 끝은 가늘고 다른 쪽은 둥글게 손바닥으로 둥글린 후 밀대로 반죽을 밀어 긴 삼각형 모양으로 만든다.

❻ 버터롤 모양으로 말아 철판에 놓는다.

❼ 온도 35~38℃, 습도 85% 상태에서 40분간 2차발효 시킨다.
※ 가스 포집력이 최적인 상태까지 발효를 시킨다.

❽ 윗불 190~195℃, 아랫불 150~160℃에서 10~12분간 굽는다. 오븐에서 꺼내 녹인 버터를 표면에 발라주기도 한다.

❶ 모양의 찌그러짐이 없고 좌우 대칭이 며 균형이 잘 잡히려면 올챙이 모양의 성형이 중요하다.

❷ 말린 부분이 3~4겹 정도 되도록 한다.

❸ 철판 위에 반죽을 놓을 때 이음매가 바닥으로 가도록 하고, 손으로 윗부분 을 가볍게 눌러 판 위에서 구르지 않 도록 한다.

* **지급재료 목록**

일련 번호	재료명	규격	단위	수량
1	밀가루	강력분	g	990
2	이스트	생이스트	g	40
3	소금	정제염	g	20
4	설탕	정백당	g	100
5	제빵개량제	제빵용	g	10
6	버터	무염	g	150
7	탈지분유	제과제빵용	g	30
8	달걀	60g (껍질포함)	개	2
9	식용유	대두유	㎖	50
10	위생지	식품용 (8절지)	장	10
11	제품상자	제품포장용	개	1
12	얼음	식용	g	200

단과자빵 Sweet dough bread

설탕, 유지, 달걀 등의 배합량이 식빵류보다 높은 제품을 단과자빵이라고 한다. 모양, 충전물, 토핑 재료에 따라 명칭이 달라진다. 일본식 과자빵은 앙금빵, 크림빵, 잼빵이고 서구식은 미국의 스위트 도 제품(스위트 롤, 커피 케이크)과 데니시 페이스트리 등이 있다. 이중 8자형으로 성형하는 반죽은 무리하게 당겨 꼬지 않도록 주의한다.

<table>
<tr><td>시험시간</td><td>3시간 30분</td></tr>
<tr><td>학습목표</td><td>1. 소형 반죽을 길게 늘여 여러 가지 모양의 빵을 만들 수 있다.</td></tr>
<tr><td rowspan="2">요구사항</td><td>1. 배합표의 각 재료를 계량하여 재료별로 진열하시오(9분).
　• 재료계량(재료당 1분) → [감독위원 계량확인] → 작품제조 및 정리정돈(전체시험시간−재료계량시간)
　• 재료계량 시간 내에 계량을 완료하지 못하여 시간이 초과된 경우 및 계량을 잘못한 경우는 추가의 시간 부여 없이 작품제조 및 정리정돈 시간을 활용하여 요구사항의 무게대로 계량
　• 달걀의 계량은 감독위원이 지정하는 개수로 계량
2. 반죽은 스트레이트법으로 제조하시오. (단, 유지는 클린업 단계에 첨가하시오.)
3. 반죽온도는 27℃를 표준으로 하시오.
4. 반죽 분할 무게는 50g이 되도록 하시오.
5. 모양은 8자형 12개, 달팽이형 12개로 2가지 모양으로 만드시오.
6. 완제품 24개를 성형하여 제출하고, 남은 반죽은 감독위원의 지시에 따라 별도로 제출하시오.</td></tr>
</table>

* 배합표

재료명	비율(%)	무게(g)
강력분	100	900
물	47	422
이스트	4	36
제빵개량제	1	8
소금	2	18
설탕	12	108
쇼트닝	10	90
분유	3	26
달걀	20	180
계	199	1,788

* 만드는 법

❶ 쇼트닝을 제외한 모든 재료를 믹서 볼에 넣고 믹싱한다.

❷ 클린업 단계에서 쇼트닝을 넣고 최종단계까지 믹싱한다(반죽 온도 27℃).

❸ 온도 27℃, 습도 75~80% 상태에서 70~80분간 1차발효 시킨다.

❹ 50g씩 분할해 둥글리기한 후 10~15분간 중간발효 시킨다.

❺ 반죽을 길게 늘려 가스를 빼준 후 8자형, 달팽이형을 만든다.

※ 8자형 : 반죽을 25㎝ 길이로 늘린 후 8자형으로 꼬아 만든다.

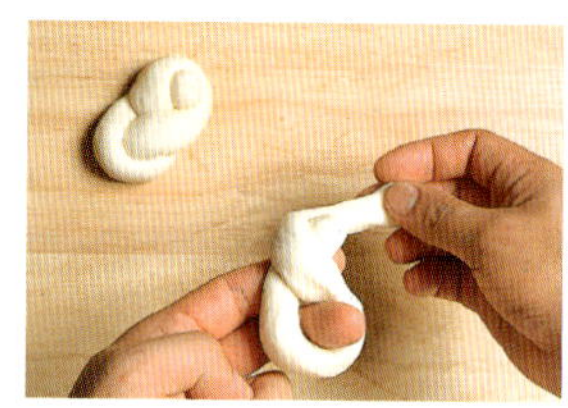 

※ 달팽이형 : 반죽 한쪽을 비스듬히 얇게 하면서 30㎝ 길이로 늘린 후 굵은 쪽을 중심으로 돌려 감는다.

❻ 온도 35~38℃, 습도 85% 상태에서 30~35분간 2차발효
시킨다.

❼ 윗불 190℃, 아랫불 150℃ 오븐에서 10~12분간 굽는다.

❶ 반죽을 밀어 늘릴 때에는 두께가 고르도록 한다.

❷ 성형된 모양은 대칭성을 이루도록 한다.

❸ 달걀물칠을 할 경우에는 너무 많이 발라 흘러내려 밑면이 타지 않도록 주의한다.

*** 지급재료 목록**

일련 번호	재료명	규격	단위	수량
1	밀가루	강력분	g	990
2	설탕	정백당	g	120
3	쇼트닝	제과제빵용	g	100
4	소금	정제염	g	20
5	이스트	생이스트	g	38
6	제빵개량제	제빵용	g	10
7	탈지분유	제과(빵)용	g	30
8	달걀	60g (껍질포함)	개	5
9	식용유	대두유	㎖	50
10	얼음	식용	g	200
11	위생지	식품용 (8절지)	장	10
12	제품상자	제품포장용	개	1

소보로빵 Streusel

소보로는 과자빵류의 표면에 뿌리는 토핑의 하나. 일본 특유의 것으로 유지, 설탕, 밀가루, 달걀을 알맞은 비율로 섞어 과립상태로 만들어 두고 필요할 때마다 체쳐서 사용한다. 소보로는 표면에 뿌릴 때는 작은 입자를, 묻힐 때는 큰 입자를 사용한다. 소보로빵은 둥근 형태로 성형해서 윗면에 소보로를 묻히고 발효한 뒤 굽는다. 소보로가 적으면 묻지 않은 부분이 오븐 속에서 먼저 색이 나오므로 짙어진다. 또한 너무 많으면 반죽이 무거워 제품을 구웠을 때 옆면이 찌그러지는 수가 있기 때문에 전체적으로 골고루 두께를 일정하게 묻혀주는 것이 중요하다.

시험시간	3시간 30분
학습목표	1. '크림법'으로 소보로빵 토핑물을 만들 수 있다. 2. 토핑물을 묻힌 빵을 만들 수 있다.
요구사항	1. 빵반죽 재료를 계량하여 재료별로 진열하시오(9분). (충전용, 토핑용 재료는 계량시간에서 제외) • 재료계량(재료당 1분) → [감독위원 계량확인] → 작품제조 및 정리정돈(전체시험시간−재료계량시간) • 재료계량 시간 내에 계량을 완료하지 못하여 시간이 초과된 경우 및 계량을 잘못한 경우는 추가의 시간 부여 없이 작품제조 및 정리정돈 시간을 활용하여 요구사항의 무게대로 계량 • 달걀의 계량은 감독위원이 지정하는 개수로 계량 2. 반죽은 스트레이트법으로 제조하시오. (단, 유지는 클린업 단계에 첨가하시오.) 3. 반죽온도는 27℃를 표준으로 하시오. 4. 반죽 1개의 분할무게는 50g씩, 1개당 소보로 사용량은 약 30g씩으로 제조하시오. 5. 토핑용 소보로는 배합표에 의거 직접 제조하여 사용하시오. 6. 반죽은 24개를 성형하여 제조하고, 남은 반죽과 토핑용 소보로는 감독위원의 지시에 따라 별도로 제출하시오.

✻ 배합표

재료명	비율(%)	무게(g)
강력분	100	900
물	47	423(422)
이스트	4	36
제빵개량제	1	9(8)
소금	2	18
마가린	18	162
탈지분유	2	18
달걀	15	135(136)
설탕	16	144
계	205	1,845(1,844)

✻ 만드는 법

❶ 마가린을 제외한 모든 재료를 믹서 볼에 넣고 믹싱한다.

❷ 클린업 단계에서 마가린을 넣고 최종단계까지 믹싱한다(반죽 온도 27℃).

❸ 온도 27℃, 습도 75~80% 상태에서 80~90분간 1차발효 시킨다.

❹ 50g씩 분할해 둥글리기한 후 10~15분간 중간발효 시킨다.

❺ 반죽 속의 가스를 빼고 둥글게 성형한 뒤, 물칠을 하고 소보로 반죽을 30g정도 묻힌다.

❻ 온도 35~38℃, 습도 85% 상태에서 30~35분간 2차발효 시킨다.

❼ 윗불 190℃, 아랫불 150~160℃ 오븐에서 13~15분간 굽는다.

재료명	비율(%)	무게(g)
중력분	100	300
설탕	60	180
마가린	50	150
땅콩버터	15	45(46)
달걀	10	30
물엿	10	30
탈지분유	3	9(10)
베이킹파우더	2	6
소금	1	3
계	251	753

Point

❶ 소보로의 되기 상태는 좋은 빵을 얻는데 중요한 역할을 한다. 소보로가 너무 질 땐 덧가루를 약간 이용하고 너무 될 땐 분무기를 사용하여 약간의 물을 이용하여 적절한 소보로 상태로 만든다.

❷ 덩어리진 소보로는 잘게 부수어 사용한다.

소보로 반죽 만들기

❶ 마가린, 땅콩버터, 설탕, 소금, 물엿을 섞어 크림상태로 만든다.

※ 유지의 크림화가 지나치면 소보로 반죽이 질어지므로 주의한다. 연한 미색을 띤 상태가 좋다.

❷ ①에 달걀을 조금씩 넣으면서 크림상태로 만든다.

❸ ②에 중력분, 탈지분유, 베이킹파우더를 섞어 보슬보슬한 상태로 만든다.

*** 지급재료 목록**

일련번호	재료명	규격	단위	수량
1	밀가루	강력분	g	990
2	밀가루	중력분	g	330
3	설탕	정백당	g	400
4	마가린	제과제빵용	g	400
5	소금	정제염	g	25
6	이스트	생이스트	g	45
7	제빵개량제	제빵용	g	11
8	탈지분유	제과(빵)용	g	40
9	달걀	60g (껍질포함)	개	4
10	땅콩버터	제과용	g	55
11	물엿	이온엿, 제과용	g	50
12	베이킹파우더	제과제빵용	g	10
13	식용유	대두유	㎖	50
14	얼음	식용	g	200
15	위생지	식품용 (8절지)	장	10
16	제품상자	제품포장용	개	1

단과자빵(크림빵) Cream bread

크림빵은 반죽을 긴 타원형으로 만드는 것이 어렵다. 분할한 상태 그대로 밀어 펴기를 하지 말고 반죽을 중간 크기의 타원형으로 만든 다음 다시 밀어 펴기를 하는 것이 좋다. 또 크림을 충전할 때는 적당한 양을 넣어야 구울 때 크림이 흘러내리지 않는다.

시험시간	3시간 30분
학습목표	1. 커스터드 크림을 만들 수 있다. 2. 반달 형태의 빵을 만들어 커스터드 크림을 충전할 수 있다.
요구사항	1. 배합표의 각 재료를 계량하여 재료별로 진열하시오(9분). 　(충전용, 토핑용 재료는 계량시간에서 제외) 　• 재료계량(재료당 1분) → [감독위원 계량확인] → 작품제조 및 정리정돈(전체시험시간–재료계량시간) 　• 재료계량 시간 내에 계량을 완료하지 못하여 시간이 초과된 경우 및 계량을 잘못한 경우는 추가의 시간 부여 없이 작품제조 및 정리정돈 시간을 활용하여 요구사항의 무게대로 계량 　• 달걀의 계량은 감독위원이 지정하는 개수로 계량 2. 반죽은 스트레이트법으로 제조하시오. (단, 유지는 클린업 단계에 첨가하시오.) 3. 반죽온도는 27℃를 표준으로 하시오. 4. 반죽 1개의 분할무게는 45g, 1개당 크림 사용량은 30g으로 제조하시오. 　(충전용 커스터드 크림을 지급재료로 제공하며, 수험생은 제조하지 않음) 5. 제품 중 12개는 크림을 넣은 후 굽고, 12개는 반달형으로 크림을 충전하지 말고 제조하시오. 6. 남은 반죽은 감독위원의 지시에 따라 별도로 제출하시오.

＊ 배합표

재료명	비율(%)	무게(g)
강력분	100	800
물	53	424
이스트	4	32
제빵개량제	2	16
소금	2	16
설탕	16	128
쇼트닝	12	96
분유	2	16
달걀	10	80
계	201	1,608
커스터드 크림	(1개당 30g)	360

＊ 만드는 법

❶ 쇼트닝과 커스터드 크림을 제외한 모든 재료를 믹서 볼에 넣고 믹싱한다.

❷ 클린업 단계에서 쇼트닝을 넣고 최종단계까지 믹싱한다(반죽온도 27℃).

❸ 온도 27℃, 습도 80% 상태에서 80~90분간 1차발효 시킨다.

❹ 45g씩 분할해 둥글리기한 후 10~15분간 중간발효 시킨다.

❺ 크림을 충전할 반죽은 긴 타원형으로 밀어 크림을 30g씩 넣고 싼다.

※ 크림이 반죽 중앙에 자리잡아야 하고 양이 같아야 한다.

❻ 반죽 가장자리를 스크레이퍼로 찍어 모양을 낸다.

❼ 반달형으로 만들 반죽은 타원형으로 밀어 편 후 1/2정도만 기름칠을 하고 반달모양으로 접는다.

※ 반달형은 크림을 충전하지 않고 그냥 제출한다.

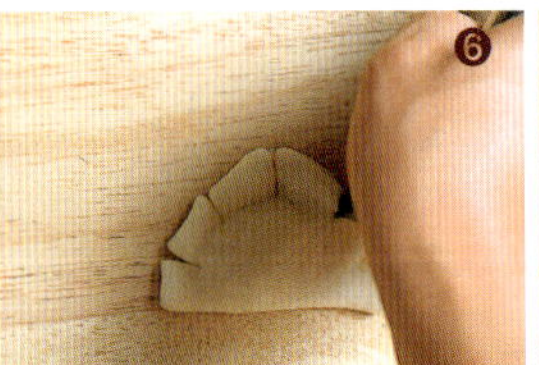

❽ 온도 35~38℃, 습도 85% 상태에서 30~35분간 2차발효 시
킨다.

❾ 윗불 190℃, 아랫불 150℃ 오븐에서 10~12분간 굽는다.

Point

❶ 반죽은 휴지를 충분히 주어야 밀어
펴기시 수축하지 않는다.

❷ 크림은 정중앙에 놓아야 새지 않는다.

❸ 건조한 반죽은 가장자리 부분에 물
칠을 한다.

* **지급재료 목록**

일련 번호	재료명	규격	단위	수량
1	밀가루	강력분	g	880
2	설탕	정백당	g	150
3	쇼트닝	제과제빵용	g	110
4	소금	정제염	g	20
5	이스트	생이스트	g	40
6	제빵개량제	제빵용	g	20
7	탈지분유	제과제빵용	g	20
8	달걀	60g (껍질포함)	개	2
9	커스터드 크림	커스터드 파우더로 제조한 것	g	400
10	식용유	대두유	mℓ	50
11	얼음	식용	g	200
12	위생지	식품용 (8절지)	장	10
13	제품상자	제품포장용	개	1

스위트 롤 Sweet roll

소프트 롤 중의 하나. 소프트 롤은 고배합으로 만든 롤빵으로 하드 롤보다 설탕, 유지의 배합량이 많고 여기에 달걀을 더하기도 한다. 스위트 롤은 동일한 두께로 밀어 펴서 적당한 강도로 말아야 한다. 너무 세게 말면 오븐 팽창 때 위로만 솟고 반대로 헐겁게 말면 모양이 풀어진다. 또한 계피 설탕을 많이 사용하면 제품의 색상이 검게 되며 지저분하게 보이므로 주의한다.

시험시간	**3시간 30분**
학습목표	1. 각종 충전물이 들어간 여러 가지 형태의 롤빵을 만들 수 있다.
요구사항	1. 배합표의 각 재료를 계량하여 재료별로 진열하시오(9분). (충전용, 토핑용 재료는 계량시간에서 제외) • 재료계량(재료당 1분) → [감독위원 계량확인] → 작품제조 및 정리정돈(전체시험시간–재료계량시간) • 재료계량 시간 내에 계량을 완료하지 못하여 시간이 초과된 경우 및 계량을 잘못한 경우는 추가의 시간 부여 없이 작품제조 및 정리정돈 시간을 활용하여 요구사항의 무게대로 계량 • 달걀의 계량은 감독위원이 지정하는 개수로 계량 2. 반죽은 스트레이트법으로 제조하시오. (단, 유지는 클린업 단계에 첨가하시오.) 3. 반죽온도는 27℃를 표준으로 하시오. 4. 야자잎형 12개, 트리플리프(세잎새형) 9개를 만드시오. 5. 계피설탕은 각자가 제조하여 사용하시오. 6. 성형 후 남은 반죽은 감독위원의 지시에 따라 별도로 제출하시오.

* 배합표

재료명	비율(%)	무게(g)
강력분	100	900
물	46	414
이스트	5	45(46)
제빵개량제	1	9(10)
소금	2	18
설탕	20	180
쇼트닝	20	180
분유	3	27(28)
달걀	15	135(136)
계	212	1,908(1,912)
충전용 설탕	15	135(136)
충전용 계핏가루	1.5	13.5(14)

* 만드는 법

❶ 쇼트닝과 충전용 재료를 제외한 모든 재료를 믹서 볼에 넣고 믹싱한다.

❷ 클린업 단계에서 쇼트닝을 넣고 최종단계까지 믹싱한다(반죽온도 27℃).

❸ 온도 27℃, 습도 80% 상태에서 60~70분간 1차발효 시킨다.

❹ 세로 30㎝, 두께 0.5㎝ 정도의 직사각형으로 밀어 편 후 가장자리 1㎝만 남기고 녹인 버터를 두껍지 않게 바른다.

❺ 충전용 설탕과 계피를 섞어 골고루 뿌려준다.

❻ 원통형으로 단단하게 만 후 가장자리 1㎝에 물칠을 하고 이음매를 붙인다.

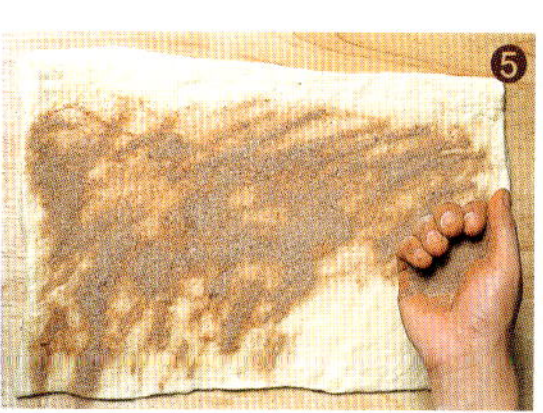

※ 야자잎 : 약 4㎝ 정도의 길이로 자른 후 가운데를 2/3정도만 잘라 벌
린다.

※ 트리플리프 : 약 5㎝ 정도의 길이로 자른 후 3등분으로 나눠 각각 2/3
정도만 잘라 벌린다.

❽ 온도 35~38℃, 습도 85% 상태에서 25~30분간 2차발효 시킨다.

❾ 윗불 190℃, 아랫불 150~160℃ 오븐에서 10~12분간 굽는다.

Point

❶ 충전용 버터는 너무 뜨겁지 않게 사용한다.

❷ 밀어 펴기 시 폭과 두께를 확인하면서 밀어 펴기를 한다.

❸ 반죽을 2등분한 다음 한 반죽은 야자잎(2잎)으로 정형·패닝하여 발효실에 넣고, 나머지 1/2 반죽으로 트리플리프 모양(3잎)으로 정형하여 작업하면 편하게 작업할 수 있다.

＊ 지급재료 목록

일련번호	재료명	규격	단위	수량
1	밀가루	강력분	g	990
2	쇼트닝	제과제빵용	g	200
3	설탕	정백당	g	350
4	소금	정제염	g	20
5	이스트	생이스트	g	50
6	제빵개량제	제빵용	g	12
7	계핏가루		g	15
8	탈지분유	제과제빵용	g	30
9	달걀	60g (껍질포함)	개	3
10	식용유	대두유	㎖	50
11	얼음	식용	g	200
12	위생지	식품용 (8절지)	장	10
13	제품상자	제품포장용	개	1

단팥빵 Red bean bread

비상스트레이트법

단팥빵은 일본에서 개발한 앙금을 첨가한 빵으로 과자빵 반죽에 팥앙금을 충전해 만든다. 성형할 때 앙금을 감싼 반죽을 봉합하고 중앙 부분을 아주 얇게 눌러 넓혀준 후 작은 구멍을 내거나, 윗면 전체를 평평하게 눌러준다. 충분히 발효시킨 뒤 센불에서 굽는다.

시험시간	3시간
학습목표	1. '비상스트레이트법'의 배합표를 작성할 수 있다. 2. 팥앙금을 넣은 여러 가지 형태의 팥앙금빵을 넣을 수 있다.
요구사항	1. 배합표의 각 재료를 계량하여 재료별로 진열하시오(9분). (충전용, 토핑용 재료는 계량시간에서 제외) • 재료계량(재료당 1분) → [감독위원 계량확인] → 작품제조 및 정리정돈(전체시험시간−재료계량시간) • 재료계량 시간 내에 계량을 완료하지 못하여 시간이 초과된 경우 및 계량을 잘못한 경우는 추가의 시간 부여 없이 작품제조 및 정리정돈 시간을 활용하여 요구사항의 무게대로 계량 • 달걀의 계량은 감독위원이 지정하는 개수로 계량 2. 반죽은 비상스트레이트법으로 제조하시오. (단, 유지는 클린업 단계에 첨가하고, 반죽온도는 30℃로 한다) 3. 반죽 1개의 분할 무게는 50g, 팥앙금 무게는 40g으로 제조하시오. 4. 반죽은 24개를 성형하여 제조하고, 남은 반죽은 감독위원의 지시에 따라 별도로 제출하시오.

*** 배합표**

재료명	비율(%)	무게(g)
강력분	100	900
물	48	432
이스트	7	63(64)
제빵개량제	1	9(8)
소금	2	18
설탕	16	144
마가린	12	108
탈지분유	3	27(28)
달걀	15	135(136)
계	204	1,836 (1,838)
통팥앙금	150	960

*** 만드는 법**

❶ 마가린과 팥앙금을 제외한 모든 재료를 믹서 볼에 넣고 믹싱한다.

❷ 클린업 단계에서 마가린을 넣고 일반 단과자빵보다 20% 정도 반죽시간을 늘려 최종 단계 후기까지 믹싱한다(반죽온도 30℃).

❸ 온도 30℃, 습도 75~80% 상태에서 15~30분간 1차발효 시킨다.

❹ 50g씩 분할해 둥글리기 한 후 중간발효 시킨다.

❺ 팥앙금을 40g씩 싼다.

❻ 온도 35~43℃, 습도 85% 상태에서 25~30분간 2차발효 시킨다.

※ 2차발효 때 반죽이 들뜨는 것을 막기 위해 가운데를 누른 경우 반드시 구멍을 내야 한다.

❼ 윗불 190℃, 아랫불 160℃ 오븐에서 12~14분간 굽는다.

재료		반죽 조건	
물	1% 늘임	반죽시간	20~25%
설탕	1% 줄임	반죽온도	29~30℃
이스트	25~50%	1차발효시간	15~30분

Point

❶ 1차발효는 어린 반죽상태에서 완료한다.

❷ 앙금을 싸기 전에 가스를 제거한 후, 팥앙금은 중앙에 오도록 한다.

❸ 팥앙금이 새어나오지 않도록 마무리 부분을 단단히 봉한다.

* 지급재료 목록

일련 번호	재료명	규격	단위	수량
1	밀가루	강력분	g	990
2	설탕	정백당	g	150
3	소금	정제염	g	20
4	식용유	대두유	㎖	50
5	이스트	생이스트	g	70
6	제빵개량제	제빵용	g	10
7	마가린	제빵용	g	120
8	탈지분유	제과제빵용	g	30
9	달걀	60g (껍질포함)	개	5
10	통팥앙금	가당	g	1,000
11	위생지	식품용 (8절지)	장	10
12	제품상자	제품포장용	개	1
13	얼음	식용	g	200

모카빵 Mocha bread

모카빵은 모카커피를 이용해 만든 빵으로 커피빵이라고도 한다. 모카빵의 특징은 커피를 첨가하고 윗부분에 토핑물을 씌우는 것이다. 이 빵은 커피의 고소한 맛과 빵의 부드러움, 토핑물의 단맛을 동시에 느낄 수 있다. 빵 반죽이 발효되면서 부피가 커지므로 비스킷 반죽이 빵 반죽을 충분히 감싸야 한다. 그러나 밑바닥을 완전히 덮으면 굽기 과정에서 빵의 내부로 열전달이 제대로 되지 않는다.

시험시간	3시간 30분
학습목표	1. 모카빵용 토핑물(비스킷)을 만들 수 있다. 2. 비스킷을 씌운 타원형 제품을 만들 수 있다.
요구사항	1. 배합표의 빵반죽 재료를 계량하여 재료별로 진열하시오(11분). 　(충전용, 토핑용 재료는 계량시간에서 제외) 　• 재료계량(재료당 1분) → [감독위원 계량확인] → 작품제조 및 정리정돈(전체시험시간－재료계량시간) 　• 재료계량 시간 내에 계량을 완료하지 못하여 시간이 초과된 경우 및 계량을 잘못한 경우는 추가의 시간 　　부여 없이 작품제조 및 정리정돈 시간을 활용하여 요구사항의 무게대로 계량 　• 달걀의 계량은 감독위원이 지정하는 개수로 계량 2. 반죽은 '스트레이트법'으로 제조하시오. (단, 유지는 클린업 단계에서 첨가하시오.) 3. 반죽온도는 27℃를 표준으로 하시오. 4. 반죽 1개의 분할무게는 250g, 1개당 비스킷은 100g씩으로 제조하시오. 5. 제품의 형태는 타원형(럭비공 모양)으로 제조하시오. 6. 토핑용 비스킷은 주어진 배합표에 의거 직접 제조하시오. 7. 완제품 6개를 제출하고 남은 반죽은 감독위원 지시에 따라 별도로 제출하시오.

* 배합표

재료명	비율(%)	무게(g)
강력분	100	850
물	45	382.5(382)
이스트	5	42.5(42)
제빵개량제	1	8.5(8)
소금	2	17(16)
설탕	15	127.5(128)
버터	12	102
탈지분유	3	25.5(26)
달걀	10	85(86)
커피	1.5	12.75(12)
건포도	15	127.5(128)
계	209.5	1,780.75 (1,780)

* 만드는 법

❶ 사용할 물 일부에 커피를 녹인다.

❷ 버터와 건포도를 제외한 모든 재료를 믹서 볼에 넣고 믹싱한다.

❸ 클린업 단계에서 마가린을 넣고 최종단계까지 믹싱한 후 건포도를 넣고 섞는다(반죽온도 27℃).

※ 건포도는 마지막 단계에 넣는다. 건포도가 터지면 발효가 제대로 안 된다.

❹ 온도 27℃, 습도 75~80% 상태에서 45분간 1차발효 시킨다.

❺ 250g씩 분할해 둥글리기하고 10~15분간 중간발효 시킨다.

❻ 밀대로 반죽을 밀어 가스를 빼고 타원형으로 만든다.

❼ 토핑물을 두께가 0.4cm 정도인 타원형으로 밀어 편다.

❽ 토핑물로 반죽의 윗면을 완전히 싸주고 밑으로 집어넣어 준다.

※ 2차발효가 끝난 후 토핑용 비스킷을 씌우기도 한다.

❾ 온도 35~38℃, 습도 85% 상태에서 20~25분간 2차발효 시킨다.

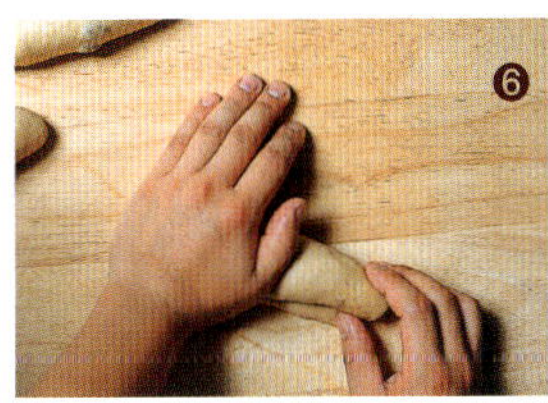

재료명	비율(%)	무게(g)
박력분	100	350
버터	20	70
설탕	40	140
달걀	24	84
베이킹파우더	1.5	5.25(5)
우유	12	42
소금	0.6	2.1(2)
계	198.1	693.35(693)

❿ 윗불 180℃, 아랫불 150℃ 오븐에서 30~35분간 굽는다.

토핑물 만들기

❶ 버터, 소금, 설탕을 섞은 후 달걀을 조금씩 넣으면서 크림상태로 만든다.

❷ 박력분과 베이킹파우더를 체 치고 가볍게 섞어 한 덩어리로 만든다.

❸ 미지근한 우유를 넣으면서 되기를 조절하고 균일하게 혼합한다.

Point

❶ 건포도 전처리 방법

- 건포도 양의 12%의 물(27℃)에 버무린 후 비닐봉지에 4시간 동안 놓아둔다.
- 27℃의 물에 적신 뒤 바로 체에 걸러 사용한다.

❷ 토핑물의 크림화를 많이 하지 말아야 적당히 갈라진다.

* 지급재료 목록

일련번호	재료명	규격	단위	수량
1	밀가루	강력분	g	950
2	밀가루	박력분	g	440
3	이스트	생이스트	g	50
4	소금	정제염	g	25
5	설탕	정백당	g	400
6	제빵개량제	제빵용	g	10
7	버터	무염	g	200
8	탈지분유	제과제빵용	g	30
9	달걀	60g (껍질포함)	개	4
10	커피	분말	g	18
11	건포도	제과제빵용	g	150
12	베이킹파우더	제과제빵용	g	10
13	우유	시유	㎖	55
14	식용유	대두유	㎖	50
15	위생지	식품용 (8절지)	장	10
16	제품상자	제품포장용	개	1
17	얼음	식용	g	200

통밀빵 Whole wheat bread

통밀빵은 통밀가루만을 이용하거나 통밀을 섞어 만든 빵을 말한다. 나라별로 종류와 특징이 크게 나뉘는데 회분 비중이 높고 섬유질이 많아 건강한 빵을 대표할 때 자주 거론된다. 독특한 풍미가 있지만 심심한 맛 때문에 샌드위치를 만들 때 사용하면 좋다. 토핑용 오트밀 역시 고소한 풍미를 더해준다.

시험시간	3시간 30분
학습목표	1. '스트레이트법'으로 통밀가루를 이용한 빵을 만들 수 있다. 2. 통밀가루와 오트밀의 특성과 영양을 알 수 있다.
요구사항	1. 배합표의 각 재료를 계량하여 재료별로 진열하시오(10분). (충전용, 토핑용 재료는 계량시간에서 제외) • 재료계량(재료당 1분) → [감독위원 계량확인] → 작품제조 및 정리정돈(전체시험시간−재료계량시간) • 재료계량 시간 내에 계량을 완료하지 못하여 시간이 초과된 경우 및 계량을 잘못한 경우는 추가의 시간 부여 없이 작품제조 및 정리정돈 시간을 활용하여 요구사항의 무게대로 계량 • 달걀의 계량은 감독위원이 지정하는 개수로 계량 2. 반죽은 스트레이트법으로 제조하시오. 3. 반죽온도는 25℃를 표준으로 하시오. 4. 표준분할무게는 200g으로 하시오. 5. 제품의 형태는 밀대(봉)형(22~23㎝)으로 제조하고, 물을 발라 오트밀을 보기좋게 적당히 묻히시오. 6. 8개를 성형하여 제출하고 남은 반죽은 감독위원의 지시에 따라 별도로 제출하시오.

* 배합표

재료명	비율(%)	무게(g)
강력분	80	800
통밀가루	20	200
이스트	2.5	25(24)
제빵개량제	1	10
물	63~65	630~650
소금	1.5	15(14)
설탕	3	30
버터	7	70
탈지분유	2	20
몰트액	1.5	15(14)
계	181.5~183.5	1,812~1,835
토핑용 오트밀	-	200

* 만드는 법

❶ 버터와 토핑용 오트밀을 제외한 모든 재료를 믹서볼에 넣고 믹싱한다.

❷ 클린업 단계에서 버터를 넣고 발전단계까지 믹싱한다(반죽온도 25℃).

❸ 온도 27℃, 습도 75~80% 상태에서 60~70분간 1차 발효시킨다.

❹ 200g씩 분할해 둥글리기한 후 10~15분간 중간 발효시킨다.

❺ 밀대로 반죽을 밀어 가스를 빼고 22~23㎝의 밀대형(봉형)으로 성형한다.

❻ 표면에 물칠을 하고 오트밀을 충분히 묻혀준다.

❼ 철판에 4~6개씩 간격을 맞춰 반죽의 이음매가 아래로 가게 하여 팬닝한다.

❽ 온도 35~38℃, 습도 85% 상태에서 30~40분간 2차 발효시킨다.

❾ 윗불 180~190℃, 아랫불 160℃ 오븐에서 15~20분간 굽는다.

Point

❶ 몰트액은 물에 풀어서 사용한다.

❷ 반죽온도가 높으면 반죽이 질어지는 현상이 생기므로 주의한다.

❸ 성형할 때 글루텐의 영향으로 반죽이 수축할 수 있으므로 조금 넉넉한 길이로 단단히 말아준다.

❹ 윗면 전체에 오트밀이 충분히 묻을 수 있도록 붓을 이용해 물을 골고루 발라준다.

* **지급재료 목록**

일련 번호	재료명	규격	단위	수량
1	밀가루	강력분	g	880
2	통밀가루	제빵용	g	220
3	이스트	생이스트	g	30
4	제빵개량제	제빵용	g	15
5	소금	정제염	g	20
6	설탕		g	40
7	버터	제과제빵용	g	80
8	탈지분유	제과제빵용	g	30
9	몰트액	식용	g	20
10	오트밀	제과제빵용	g	220
11	얼음	식용	g	200
12	위생지	식품용 (8절지)	장	10

베이글 Bagel

미국의 유태인들이 아침식사용으로 주로 애용해온 베이글. 최근들어 세계적 식사빵으로 인기를 끌고있다. 1차발효 후 끓는 물에 데친 다음 오븐에 굽는 제품으로 제조공정이 특이한 빵이다. 밀가루와 이스트, 소금 등 배합재료도 단순한 것이 특징이다.

시험시간	3시간 30분
학습목표	1. 빵반죽으로 링모양의 베이글을 성형할 수 있다. 2. 링모양의 반죽을 물에 데쳐 팬닝할 수 있다.
요구사항	1. 배합표의 각 재료를 계량하여 재료별로 진열하시오(7분). 　• 재료계량(재료당 1분) → [감독위원 계량확인] → 작품제조 및 정리정돈(전체시험시간–재료계량시간) 　• 재료계량 시간 내에 계량을 완료하지 못하여 시간이 초과된 경우 및 계량을 잘못한 경우는 추가의 시간 부여 없이 작품제조 및 정리정돈 시간을 활용하여 요구사항의 무게대로 계량 　• 달걀의 계량은 감독위원이 지정하는 개수로 계량 2. 반죽은 스트레이트법으로 제조하시오. 3. 반죽 온도는 27℃를 표준으로 하시오. 4. 1개당 분할중량은 80g으로 하고 링모양으로 정형하시오. 5. 반죽은 전량을 사용하여 성형하시오. 6. 2차 발효 후 끓는물에 데쳐 팬닝하시오. 7. 팬 2개에 완제품 16개를 구워 제출하고, 남은 반죽은 감독위원의 지시에 따라 별도로 제출하시오.

* 배합표

재료명	비율(%)	무게(g)
강력분	100	800
물	55~60	440~480
이스트	3	24
제빵개량제	1	8
소금	2	16
설탕	2	16
식용유	3	24
계	166~171	1,328~1,368

* 만드는 법

❶ 모든 재료를 믹서 볼에 넣고 발전단계까지 믹싱한다(반죽온도 27℃).

❷ 온도 27℃, 습도 75~80% 상태에서 40~50분간 1차 발효시킨다.

❸ 반죽을 80g씩 분할해 둥글리기 한 다음 10~15분 동안 중간 발효시킨다.

❹ 반죽을 약 25~30㎝로 밀어준다.

❺ 동그란 링 모양으로 성형한 다음 이음매를 확실히 마무리한다.

❻ 온도 33℃, 습도 80% 상태에서 25~30분 동안 2차 발효시킨다.

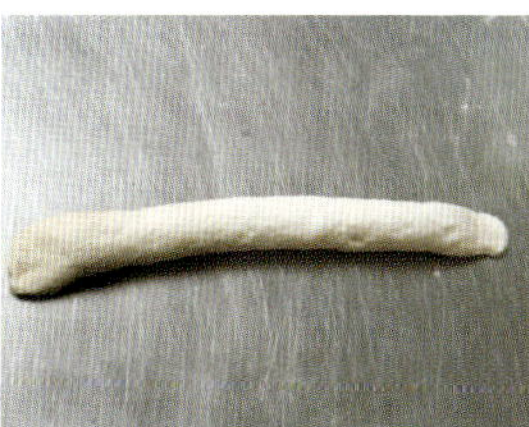

❼ 베이글의 양 면을 끓는 물에 데친 다음 철판 위에 팬닝한다.

❽ 윗불 200℃, 아랫불 190℃ 오븐에서 약 15~20분 동안 굽는다.

Point

❶ 베이글을 데칠 때 반죽이 떨어지지 않도록 링의 이음매를 잘 꼬집어 마무리한다.

❷ 베이글을 2차 발효 후 데치는 과정에서 반죽이 늘어나지 않도록 유의한다.

채점기준

❶ 데치기 후 상온 또는 발효기에 방치할 경우 감점하지 않음

＊ 지급재료 목록

일련 번호	재료명	규격	단위	수량
1	밀가루	강력분	g	1,000
2	설탕	정백당	g	20
3	소금	정제염	g	25
4	이스트	생이스트	g	35
5	제빵개량제	제빵용	g	11
6	식용유		g	35
7	위생지	식품용 (8절지)	장	10
8	제품상자	제품포장용	개	1
9	얼음	식용	g	200

빵 도넛 Yeast doughnuts

빵도넛을 튀기는 동안 자주 뒤집으면 부피가 작아진다. 또 기름 온도가 낮으면 제품이 퍼지고 많이 부풀어 오르기 때문에 튀기는 동안 신경을 써야 한다. 적당한 튀김 온도(180~190℃)는 반죽을 넣으면 금방 떠오르거나 물 한 방울을 떨어뜨리면 탁 튀는 상태이다.

시험시간	3시간
학습목표	1. 적당한 튀김 온도에서 튀기는 여러 종류의 도넛을 만들 수 있다.
요구사항	1. 배합표의 각 재료를 계량하여 재료별로 진열하시오(12분). 　• 재료계량(재료당 1분) → [감독위원 계량확인] → 작품제조 및 정리정돈(전체시험시간–재료계량시간) 　• 재료계량 시간 내에 계량을 완료하지 못하여 시간이 초과된 경우 및 계량을 잘못한 경우는 추가의 시간 　　부여 없이 작품제조 및 정리정돈 시간을 활용하여 요구사항의 무게대로 계량 　• 달걀의 계량은 감독위원이 지정하는 개수로 계량 2. 반죽은 스트레이트법으로 제조하시오(단, 유지는 클린업 단계에 첨가하시오). 3. 반죽온도는 27℃를 표준으로 하시오. 4. 분할무게는 46g씩으로 하시오. 5. 모양은 8자형 22개와 트위스트형(꽈배기형) 22개로 만드시오. 　(남은 반죽은 감독위원의 지시에 따라 별도로 제출하시오)

* 배합표

재료명	비율(%)	무게(g)
강력분	80	880
박력분	20	220
설탕	10	110
쇼트닝	12	132
소금	1.5	16.5(16)
탈지분유	3	33(32)
이스트	5	55(56)
제빵개량제	1	11(10)
바닐라향	0.2	2.2(2)
달걀	15	165(164)
물	46	506
넛메그	0.2	2.2(2)
계	193.9	2132.9(2,130)

* 만드는 법

❶ 쇼트닝을 제외한 모든 재료를 믹서 볼에 넣고 믹싱한다.

❷ 클린업 단계에서 쇼트닝을 넣고 보통 식빵 반죽의 90% 정도까지 믹싱한다(반죽온도 27℃).

❸ 온도 27℃, 습도 75~80% 상태에서 40~50분간 1차발효 시킨다.

❹ 46g씩 분할해 둥글리기 한 후 10~15분간 중간발효 시킨다.

❺ 8자형과 트위스트형(꽈배기형)을 각각 만든다.

※ 8자형 : 반죽을 25㎝길이로 늘린 후 검지 손가락에 걸어 8자형으로 한 바퀴 돌리고 끝이 빠지지 않도록 잘 넣는다.

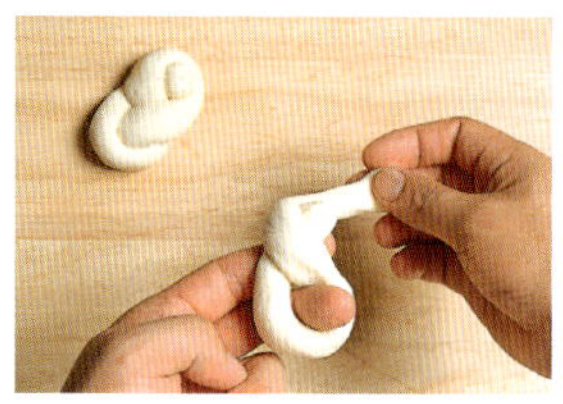

※ 꽈배기형 : 30㎝길이로 늘린 후 끝 부분을 양손으로 잡고 비틀어 준 다음 이를 서로 엇갈리게 꼬아준다. 특히 이음매가 떨어지지 않도록 잘 붙인다.

❻ 30~32℃, 습도 75% 상태에서 20~25분 간 2차발효 시킨다.

❼ 180℃의 온도의 기름에 넣고 1분 30초~2분간 튀긴다.

❽ 제공되는 도넛 설탕가루를 골고루 묻힌다.
※ 〈예〉 계피설탕, 계피 1 : 설탕 9

Point

❶ 정형시 글루텐의 신장성이 나쁘거나 가스가 균일하게 빠지지 않으면 제품이 나빠지므로 주의하도록 한다.

❷ 튀기는 과정 중에 자주 뒤집어 주면 중간 부위에 흰 선이 생기지 않는다.

* 지급재료 목록

일련번호	재료명	규격	단위	수량
1	밀가루	강력분	g	960
2	밀가루	박력분	g	240
3	설탕	정백당	g	121
4	쇼트닝	제과제빵용	g	145
5	소금	정제염	g	18
6	탈지분유	제과제빵용	g	50
7	이스트	생이스트	g	60
8	제빵개량제	제빵용	g	13
9	바닐라향	분말	g	3
10	달걀	60g (껍질포함)	개	4
11	넛메그	향신료 (식용)	g	4
12	식용유	대두유	㎖	3,000
13	얼음	식용	g	200
14	위생지	식품용 (8절지)	장	10
15	부탄가스	가정용(220g)	개	1
16	제품상자	제품포장용	개	1

소시지빵 Sausage bun

소시지를 이용해 비교적 손쉽게 만들 수 있는 조리빵이다. 빵반죽과 충전물, 토핑이 모두 들어가는 빵으로 조리빵의 기본을 익힐 수 있으며, 빵의 모양도 다양하게 만들 수 있다.

시험시간	3시간 30분
학습목표	1. 스트레이트법으로 조리빵 반죽을 만들 수 있다. 2. 낙엽모양과 꽃잎모양으로 성형할 수 있다.
요구사항	1. 반죽 재료를 계량하여 재료별로 진열하시오(10분). (충전용, 토핑용 재료는 계량시간에서 제외) • 재료계량(재료당 1분) → [감독위원 계량확인] → 작품제조 및 정리정돈(전체시험시간−재료계량시간) • 재료계량 시간 내에 계량을 완료하지 못하여 시간이 초과된 경우 및 계량을 잘못한 경우는 추가의 시간 부여 없이 작품제조 및 정리정돈 시간을 활용하여 요구사항의 무게대로 계량 • 달걀의 계량은 감독위원이 지정하는 개수로 계량 2. 반죽은 스트레이트법으로 제조하시오. 3. 반죽온도는 27℃를 표준으로 하시오. 4. 반죽 분할무게는 70g씩 분할하시오. 5. 완제품(토핑 및 충전물 완성)은 12개 제조하여 제출하고 남은 반죽은 감독위원이 지정하는 장소에 따로 제출하시오. 6. 충전물은 발효시간을 활용하여 제조하시오. 7. 정형 모양은 낙엽모양 6개와 꽃잎모양 6개씩 2가지로 만들어서 제출하시오.

* 배합표

재료명	비율(%)	무게(g)
강력분	80	560
중력분	20	140
이스트	4	28
제빵개량세	1	6
소금	2	14
설탕	11	76
마가린	9	62
탈지분유	5	34
달걀	5	34
물	52	364
계	189	1,318

* 만드는 법

❶ 마가린을 제외한 모든 재료를 믹서 볼에 넣고 믹싱한다.

❷ 클린업단계에서 마가린을 넣고 최종 단계까지 믹싱한다(반죽 온도 27℃).

❸ 온도 27℃, 습도 75~80% 상태에서 50~60분 동안 1차 발효시킨다.

❹ 70g씩 분할해 둥글리기 한 후 10~20분 동안 중간 발효시킨다.

❺ 반죽을 손으로 눌러 가스를 빼준다.

❻ 반죽 위에 프랑크 소시지를 넣고 말아준다.

❼ 반죽을 6~8등분하여 꽃모양, 낙엽모양으로 성형한 다음 팬닝한다.

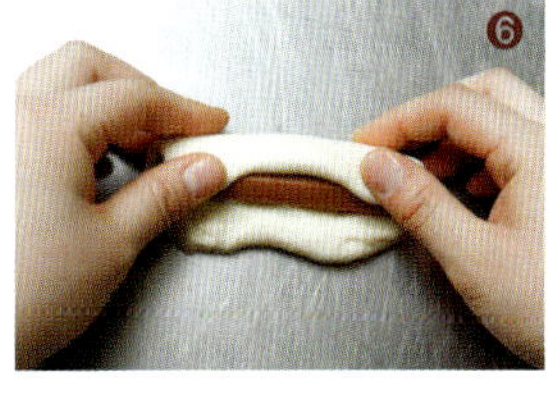
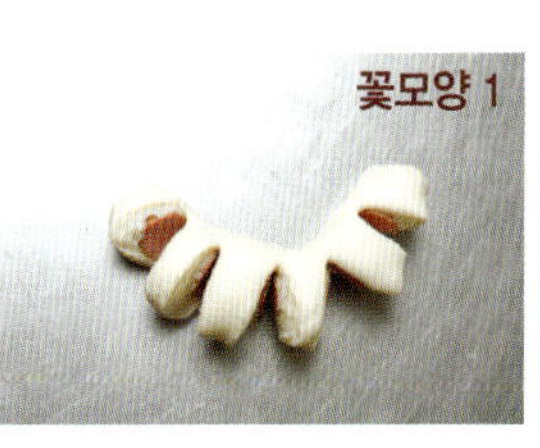

*** 토핑 및 충전물**

재료명	비율(%)	무게(g)
프랑크소시지	100	(480)
양파	72	336
마요네즈	34	158
피자치즈	22	102
케찹	24	112
계	252	1,188

Point

❶ 밀어 펴기 시 팬보다 반죽을 조금 넉
넉하게 밀어 편다.

❷ 소스는 굽기 중 잘 타므로 가급적이면
가장자리 부위에는 묻지 않도록 조심
해서 바른다.

*** 지급재료 목록**

일련 번호	재료명	규격	단위	수량
1	밀가루	강력분	g	700
2	밀가루	중력분	g	200
3	설탕	정백당	g	100
4	소금	정제염	g	20
5	이스트	생이스트	g	32
6	제빵개량제		g	10
7	마가린	제과제빵용	g	80
8	탈지분유	제과제빵용	g	50
9	달걀	60g(껍질포함)	개	1
10	프랑크소시지	중량40g/ 길이12㎝	개	13
11	양파	껍질깐것	g	400
12	마요네즈	식품용	g	180
13	피자치즈	모짜렐라치즈	g	130
14	케찹	식품용	g	140
15	얼음	식용	g	200
16	위생지	식품용(8절지)	장	10
17	제품상자	제품포장용	개	1

그리시니 Grissini

이태리에서 발달한 하드계 빵 중의 하나. 중간발효 없이 굽는 퀵 브레드로 바삭거림과 부드러움이 어우러진 식감이 특징이다. 정형 시 두께를 일정하게 하고 내부에 너무 많은 수분이 남지 않아야 한다. 플래시 히트(오븐에서 순간적으로 확 달아오른 고열, 내열 또는 황열이라고도 한다)에서 단 시간에 구워 내거나 낮은 온도에서 오랫동안 굽는다.

시험시간	2시간 30분
학습목표	1. 35~40㎝길이의 막대 모양으로 반죽을 밀어 펼 수 있다. 2. 반죽의 두께를 일정하게 성형할 수 있다.
요구사항	1. 배합표의 각 재료를 계량하여 재료별로 진열하시오(8분). 　• 재료계량(재료당 1분) → [감독위원 계량확인] → 작품제조 및 정리정돈(전체시험시간−재료계량시간) 　• 재료계량 시간 내에 계량을 완료하지 못하여 시간이 초과된 경우 및 계량을 잘못한 경우는 추가의 시간 부여 없이 작품제조 및 정리정돈 시간을 활용하여 요구사항의 무게대로 계량 　• 달걀의 계량은 감독위원이 지정하는 개수로 계량 2. 전 재료를 동시에 투입하여 믹싱하시오(스트레이트법). 3. 반죽온도는 27℃를 표준으로 하시오. 4. 분할무게는 30g, 길이는 35~40㎝로 성형하시오. 5. 반죽은 전량을 사용하여 성형하시오.

* 배합표

재료명	비율(%)	무게(g)
강력분	100	700
설탕	1	7(6)
건조 로즈 마리	0.14	1(2)
소금	2	14
이스트	3	21(22)
버터	12	84
올리브유	2	14
물	62	434
계	182.14	1,275 (1,276)

* 만드는 법

❶ 모든 재료를 믹서 볼에 넣고 저속 2분, 중속 5분간 믹싱한다(반죽온도27℃).

❷ 온도 27℃, 습도 80% 상태에서 30분간 1차 발효시킨다.

❸ 반죽을 30g씩 분할해서 둥글리기 한다.

❹ 둥글리기 한 반죽을 막대 모양으로 밀어 실온에서 약 15~20분 동안 중간 발효시킨다.

❺ 반죽을 35~40㎝의 일정한 막대모양으로 밀어 편다.

❻ 철판에 팬닝하고 온도 35℃, 습도 85% 상태에서 5~10분 동안 2차 발효시킨다.

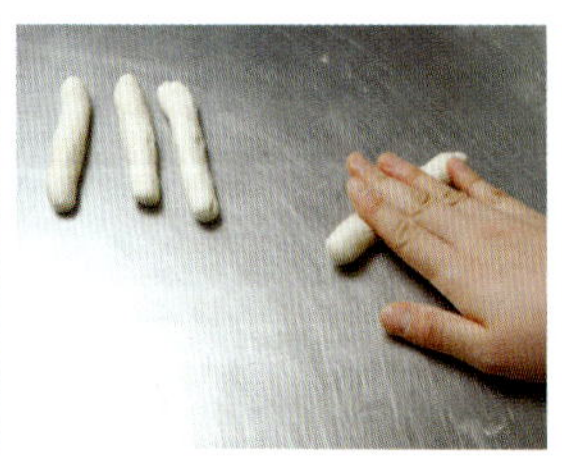
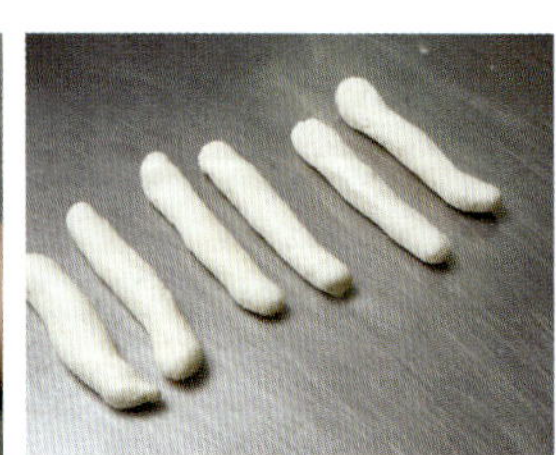

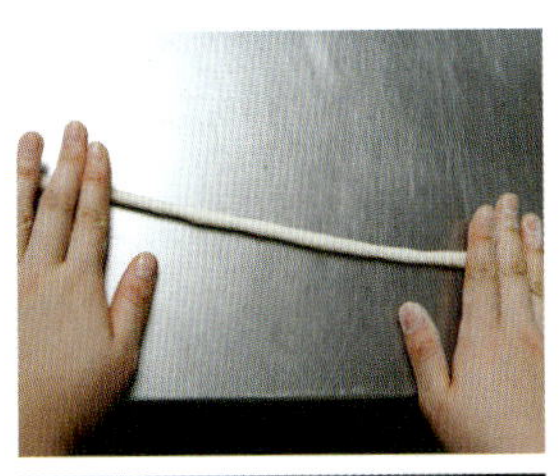

❼ 윗불 220℃, 아랫불 180℃ 오븐에서 7~8분 동안 굽는다.
(굽기는 높은 온도에서 단시간에 굽거나 혹은 낮은 온도에서 오랫동안 굽는다.)

Point

❶ 2차발효를 거치면 그리시니 반죽이 조금 더 바삭거린다.

❷ 반죽을 한번에 35~40㎝ 밀어 펴기 힘듦으로 12~15㎝ 먼저 밀어두고 사용하면 밀어 펴기가 용이하다.

❸ 덧가루를 쓰면 미끄러지며 밀어 펴기가 힘들다. 덧가루 사용을 최소화한다.

❹ 시험장에서 시간초과가 많이 발생하므로 작업 속도에 유의한다.

일련 번호	재료명	규격	단위	수량
1	밀가루	강력분	g	770
2	설탕	정백당	g	8
3	버터	무염	g	90
4	소금	정제염	g	16
5	이스트	생이스트	g	25
6	건조 로즈마리		g	2
7	식용유	올리브유	㎖	16
8	위생지	식품용 (8절지)	장	10
9	제품상자	제품포장용	개	1
10	얼음	식용	g	200

제과기능사
실기편

시퐁 케이크
젤리 롤 케이크
소프트 롤 케이크
초코 롤 케이크

흑미 롤 케이크
타르트
버터 스펀지 케이크

파운드 케이크
과일 케이크
치즈 케이크

호두파이
초코 머핀
마데라 컵케이크

슈
다쿠아즈
마들렌

브라우니
쇼트 브레드 쿠키
버터 쿠키

시퐁 케이크 Chiffon cake

시퐁은 프랑스어의 시퐁(chiffon)에서 온 '비단'을 뜻하는 용어이다. 시퐁 케이크를 굽기 전에 틀에서
잘 빠지게 하기 위해 물이나 팬기름(쇼트닝 : 전분=1:1)을 틀에 발라 준다. 시험장에서는 주로 물을
사용하는데 분무기로 물을 뿌린 후 틀을 뒤집어 놓으면 적당한 물기가 남는다. 틀에서 빼낼 때 제품에
홈집이 나지 않게 하기 위해서는 오븐에서 꺼낸 다음 실온에서 5~10분간 뒤집어서 둔다.

<table>
<tr><td>시험시간</td><td>1시간 40분</td></tr>
<tr><td>학습목표</td><td>1. '시퐁법'을 이용하여 거품형 케이크를 만들 수 있다.</td></tr>
<tr><td rowspan="1">요구사항</td><td>
1. 배합표의 각 재료를 계량하여 재료별로 진열하시오(8분).
　• 재료계량(재료당 1분) → [감독위원 계량확인] → 작품제조 및 정리정돈(전체시험시간−재료계량시간)
　• 재료계량 시간 내에 계량을 완료하지 못하여 시간이 초과된 경우 및 계량을 잘못한 경우는 추가의 시간
　　부여 없이 작품제조 및 정리정돈 시간을 활용하여 요구사항의 무게대로 계량
　• 달걀의 계량은 감독위원이 지정하는 개수로 계량
2. 반죽은 시퐁법으로 제조하고 비중을 측정하시오.
3. 반죽온도는 23℃를 표준으로 하시오.
4. 시퐁팬을 사용하여 반죽을 분할하고 구우시오.
5. 반죽은 전량을 사용하여 성형하시오.
</td></tr>
</table>

* 배합표

재료명	비율(%)	무게(g)
박력분	100	400
설탕A	65	260
설탕B	65	260
달걀	150	600
소금	1.5	6
베이킹파우더	2.5	10
식용유	40	160
물	30	120
계	454	1,816

* 만드는 법

❶ 달걀은 노른자와 흰자로 분리하고, 흰자는 기름기가 없는 용기에 넣어야 한다.

※ 계량시간 내에는 달걀의 개수로 계량하며, 제조 시 흰자, 노른자를 분리한다.

❷ 노른자와 식용유를 섞은 다음 설탕A, 소금, 함께 체 친 박력분, 베이킹파우더를 넣어 섞는다.

❸ ②에 물을 조금씩 넣으면서 덩어리가 없는 매끄러운 상태로 풀어준다.

❹ 믹서 볼에 흰자를 넣고, 60% 정도의 머랭을 만든다. 여기에 설탕B를 2~3회에 나누어 넣으면서 85% 정도의 머랭을 만든다.

❺ ④에서 만든 머랭을 1/3씩 나누어 ③의 반죽에 섞는다. 지나치게 섞지 않도록 주의한다.

❻ 비중을 측정하여 조절하고(0.45±0.05 전후가 적당), 반죽온도는 23℃에 맞춘다.

❼ 시퐁틀에 물을 뿌려 준비하고 짤주머니를 이용해 틀의 70% 정도만 채운다.

❽ 윗불 170℃, 아랫불 170℃의 오븐에서 30~35분간 굽는다.

❾ 케이크가 완성되면 오븐에서 꺼내 뒤집어서 냉각시킨 다음 떼어낸다.

Point

❶ 과다 믹싱하여 글루텐이 질겨지지 않도록 부드럽게 섞어준다.

❷ 팬은 수분이 과다하지 않도록 물을 뿌려 뒤집어 놓는다. (물을 과하게 뿌리면 케이크 내부에 구멍이 생기는 현상이 발생할 수 있다.)

❸ 너무 뜨거울 때 팬을 무리하게 빼면 표면이 매끄럽지 못하니 주의할 것.

* 지급 재료목록

일련번호	재료명	규격	단위	수량
1	밀가루	박력분	g	500
2	설탕	정백당	g	600
3	달걀	60g (껍질포함)	개	16
4	베이킹파우더	제과제빵용	g	14
5	소금	정제염	g	8
6	식용유	대두유	mℓ	270
7	위생지	식품용 (8절지)	장	10
8	제품상자	제품포장용	개	1
9	얼음	식용	g	200

젤리 롤 케이크 Jelly roll cake

모든 재료를 넣고 혼합할 때 반죽온도가 낮아 물엿이 잘 녹지 않을 수도 있으므로 바닥까지 잘 섞는다. 시트가 뜨거울 때 말기를 하면 제품이 가라앉아 부피가 작아진다. 따라서 조금 식힌 다음 말기를 하고 표면이 갈라지지 않게 재빨리 말아준다.

시험시간	1시간 30분(공립법)
학습목표	1. '공립법'으로 롤 케이크 시트를 만들 수 있다. 2. 캐러멜 색소로 반죽 표면에 무늬를 만들 수 있다.
요구사항	1. 배합표의 각 재료를 계량하여 재료별로 진열하시오(8분). (충전용 재료는 계량시간에서 제외) • 재료계량(재료당 1분) → [감독위원 계량확인] → 작품제조 및 정리정돈(전체시험시간–재료계량시간) • 재료계량 시간 내에 계량을 완료하지 못하여 시간이 초과된 경우 및 계량을 잘못한 경우는 추가의 시간 부여 없이 작품제조 및 정리정돈 시간을 활용하여 요구사항의 무게대로 계량 • 달걀의 계량은 감독위원이 지정하는 개수로 계량 2. 반죽은 공립법으로 제조하시오. 3. 반죽온도는 23℃를 표준으로 하시오. 4. 반죽의 비중을 측정하시오. 5. 제시한 팬에 알맞도록 분할하시오. 6. 반죽은 전량을 사용하여 성형하시오. 7. 캐러멜 색소를 이용하여 무늬를 완성하시오. (무늬를 완성하지 않으면 제품 껍질 평가 0점 처리)

＊ 배합표

재료명	비율(%)	무게(g)
박력분	100	400
설탕	130	520
달걀	170	680
소금	2	8
물엿	8	32
베이킹파우더	0.5	2
우유	20	80
바닐라향	1	4
계	431.5	1,726
잼	50	200

＊ 만드는 법

❶ 달걀을 풀어준 후 설탕, 소금, 물엿을 함께 섞어 믹싱한다.

※ 반죽을 찍어 떨어뜨렸을 때 간격을 유지하면서 천천히 떨어지는 상태가 적당하다.

❷ 함께 체 친 박력분, 베이킹파우더, 바닐라향을 ①에 넣으면서 가볍게 섞어준다.

❸ 우유를 넣어 섞으면서 되기를 조절한다
(반죽온도 23℃, 비중0.5±0.05).

❹ 철판에 위생지를 깔고 반죽을 부은 후 윗면을 고르게 편다.

※ 반죽 중에 생긴 큰 공기방울은 없애주는 것이 좋다.

❺ 일부 반죽에 식용 캐러멜 색소를 혼합하여 진한 갈색으로 만들거나, 노른자를 체에 걸러 캐러멜 색소를 넣고 진한 갈색으로 만든다.

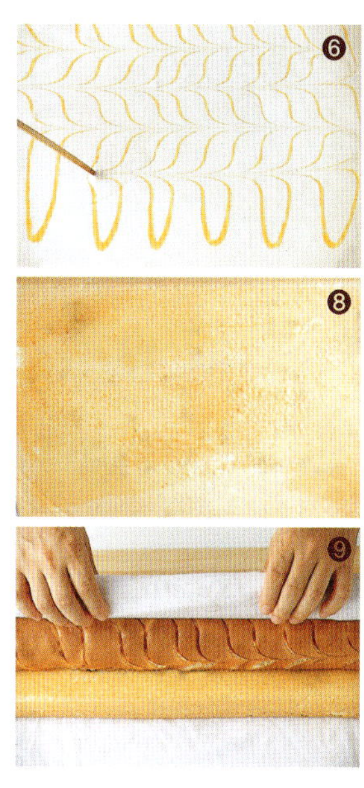

❻ ⑤의 색소를 반죽 표면의 2/3정도까지만 2㎝ 간격의 한일자 (―) 모양으로 짠 후 나무젓가락 등을 이용해 4㎝ 폭으로 무늬를 만든다.

❼ 윗불 170~175℃, 아랫불 170℃ 오븐에서 20~25분간 굽는다.
※ 오븐에서 꺼낸 후 틀에서 빨리 빼낸다.

❽ 약간 축축한 면포나 식용유를 바른 종이 위에 뒤집어 놓고 붓이나 분무기로 물을 묻혀가며 바닥에 붙어 있는 종이를 떼어낸 후 잼을 얇게 골고루 펴 바른다.

❾ 밀대를 이용해 말아준 후 식용유를 바른 종이로 싸서 잠시 두었다가 벗겨낸다.
※ 롤 케이크는 되도록 빨리 말아야 표면이 갈라지지 않는다.

❿ 냉각시켜 이등분 한다.

---

❶ 달걀과 설탕을 넣어 중탕하여 믹싱을 하면 달걀의 기포성이 양호하고 설탕의 용해도가 좋아 균일한 껍질색을 얻을 수 있다.

❷ 믹싱을 많이 하여 비중이 가벼우면 구운 뒤 주저앉으므로 비중을 정확하게 맞춰야 한다.

❸ 무늬용 반죽은 신속하게 그려야 제품 밑면에 가라앉지 않으며 너무 긁지 않도록 해야 한다.

*** 지급 재료목록**

일련번호	재료명	규격	단위	수량
1	밀가루	박력분	g	440
2	설탕	정백당	g	570
3	달걀	60g (껍질포함)	개	15
4	소금	정제염	g	9
5	물엿	이온엿, 제과용	g	35
6	베이킹파우더	제과제빵용	g	3
7	우유	시유	g	90
8	캐러멜 색소	제과용	g	2
9	잼	과일잼류	g	220
10	바닐라향	분말	g	5
11	식용유	대두유	㎖	50
12	위생지	식품용 (8절지)	장	10
13	제품상자	제품포장용	개	1
14	얼음	식용	g	200

소프트 롤 케이크 Soft roll cake

롤 케이크란 각종 스펀지 시트에 잼, 크림 또는 가나슈를 바르고 말아 올린 과자의 총칭. 스펀지 반죽은 말기 쉽도록 얇고 조금 부드럽게 구워야 한다. 말기에 필요한 준비물은 오븐에 반죽이 들어간 직후 신속하게 준비하고, 시트가 너무 뜨거울 때 말면 가라앉아 부피가 작아지므로 조금 식힌 다음 마는 것이 좋다.

시험시간	1시간 50분(별립법)
학습목표	1. '별립법'으로 롤 케이크 시트를 만들 수 있다. 2. 대칭을 이루는 롤 모양으로 말 수 있다.
요구사항	1. 배합표의 각 재료를 계량하여 재료별로 진열하시오(10분). (충전용 재료는 계량시간에서 제외) • 재료계량(재료당 1분) → [감독위원 계량확인] → 작품제조 및 정리정돈(전체시험시간−재료계량시간) • 재료계량 시간 내에 계량을 완료하지 못하여 시간이 초과된 경우 및 계량을 잘못한 경우는 추가의 시간 부여 없이 작품제조 및 정리정돈 시간을 활용하여 요구사항의 무게대로 계량 • 달걀의 계량은 감독위원이 지정하는 개수로 계량 2. 반죽은 별립법으로 제조하시오. 3. 반죽온도는 22℃를 표준으로 하시오. 4. 반죽의 비중을 측정하시오. 5. 제시한 팬에 알맞도록 분할하시오. 6. 반죽은 전량을 사용하여 성형하시오. 7. 캐러멜 색소를 이용하여 무늬를 완성하시오. (무늬를 완성하지 않으면 제품 껍질 평가 0점 처리)

* 배합표

재료명	비율(%)	무게(g)
박력분	100	250
설탕A	70	175(176)
물엿	10	25(26)
소금	1	2.5(2)
물	20	50
바닐라향	1	2.5(2)
설탕B	60	150
달걀	280	700
베이킹파우더	1	2.5(2)
식용유	50	125(126)
계	593	1,482.5 (1,484)
잼	80	200

* 만드는 법

❶ 골고루 푼 노른자에 설탕A, 물엿, 소금을 넣고 휘핑한 후 물과 바닐라향을 넣고 저속으로 휘젓기하여 설탕을 용해시킨다.

※ 노른자에 설탕을 넣고 그대로 두면 좁쌀 같은 덩어리가 생기므로 주의한다.

※ 계량시간 내에는 날걀의 개수로 계량하며, 제조 시 흰자, 노른자를 분리한다.

❷ 흰자를 60% 정도 믹싱한 후 설탕B를 조금씩 넣으면서 중간 피크(80~85%)까지 믹싱해 머랭을 만든다.

※ 설탕을 한꺼번에 넣으면 거품이 죽는다. 머랭을 거품기로 찍었을 때 끝이 뾰족하게 휘어야 한다.

❸ ①에 머랭 1/3을 넣고 가볍게 섞는다.

❹ 함께 체 친 박력분과 베이킹파우더를 ③에 넣고 가볍게 섞는다.

❺ 식용유를 넣고 골고루 섞은 후 나머지 머랭을 섞는다
  (반죽온도 22±1℃, 비중 0.45±0.05).

※ 반죽의 상태는 가볍고 윤기가 나야 한다. 반죽을 떨어뜨려 봤을 때 리본
  이 접히듯이 무늬가 남는 정도가 적당하다.

❻ 철판에 위생지를 깔고 반죽을 부은 후 윗면을 고르게 편다.

❼ 일부 반죽과 캐러멜 색소를 혼합해 반죽 표면에 폭 2㎝ 간격의
  한일자(一) 모양을 짠다(반죽의 2/3 정도까지만 짠다).

❽ 나무젓가락 등을 이용해 4㎝ 폭으로 무늬를 만든다.

❾ 윗불 170~175℃, 아랫불 170℃ 오븐에서 20~25분간 굽는다.

※ 다 구워지면 뒤집어 놓고 붓이나 분무기로 물을 묻혀가며 바닥에 붙어
  있는 종이를 떼어낸다.

❿ 바닥에 면포를 깔고 잼이나 크림을 바른 후 밀대를 이용해 둥
  글게 말아준다. 이때 무늬가 없는 부분이 안으로 들어가게 말
  아준다.

※ 시트가 너무 뜨거우면 가라앉기 쉬우므로 조금 식은 뒤에 마는 것이 좋다.

Point

❶ 물엿을 계량할 때는 함께 투입하는 설
  탕 위에 계량한다.

❷ 식용유는 빨리 섞어 가라앉지 않도
  록 한다.

❸ 반죽을 오븐에 넣기 전에 큰 기포는
  제거해야 하며, 오븐 위치에 따라 온도
  차이가 있으므로 팬의 위치를 바꾸어
  골고루 익게 한다.

❹ 굽기 시 수분을 충분히 제거해야 한다.

* 지급 재료목록

일련 번호	재료명	규격	단위	수량
1	밀가루	박력분	g	275
2	설탕	정백당	g	350
3	물엿	이온엿, 제과용	g	28
4	소금	정제염	g	3
5	바닐라향	분말	g	3
6	달걀	60g (껍질포함)	개	15
7	베이킹파우더	제과제빵용	g	3
8	식용유	대두유	㎖	180
9	캐러멜 색소	제과용	g	2
10	잼	과일잼류	g	220
11	위생지	식품용 (8절지)	장	10
12	제품상자	제품포장용	개	1
13	얼음	식용	g	200

초코 롤 케이크 Chocolate roll cake

반죽에 코코아파우더, 충전물에 가나슈를 사용해 초콜릿의 달고 강한 풍미를 느낄 수 있는 롤 케이크이다. 반죽 표면에 무늬를 넣지 않기 때문에 다른 롤 케이크와 비교해 성형은 그다지 어렵지 않지만 그렇기에 더욱 기포를 잘 제거하고 가나슈를 골고루 바르는 등 기본적인 요소를 잘 지켜야 모양이 잘 나온다.

시험시간	1시간 50분(공립법)
학습목표	1. '공립법'으로 스펀지케이크를 만들 수 있다. 2. 소량의 밀가루를 사용하여 롤 케이크 시트를 만들 수 있다.
요구사항	1. 배합표의 각 재료를 계량하여 재료별로 진열하시오(7분). 　(충전용, 토핑용 재료는 계량시간에서 제외) 　• 재료계량(재료당 1분) → [감독위원 계량확인] → 작품제조 및 정리정돈(전체시험시간-재료계량시간) 　• 재료계량 시간 내에 계량을 완료하지 못하여 시간이 초과된 경우 및 계량을 잘못한 경우는 추가의 시간 　　부여 없이 작품제조 및 정리정돈 시간을 활용하여 요구사항의 무게대로 계량 　• 달걀의 계량은 감독위원이 지정하는 개수로 계량 2. 반죽은 공립법으로 제조하시오. 3. 반죽온도는 24℃를 표준으로 하시오. 4. 반죽의 비중을 측정하시오. 5. 제시한 철판에 알맞도록 팬닝하시오. 6. 반죽은 전량을 사용하시오. 7. 충전용 재료는 가나슈를 만들어 제품에 전량 사용하시오. 8. 시트를 구운 윗면에 가나슈를 바르고 원형이 잘 유지되도록 말아 제품을 완성하시오. 　(반대 방향으로 롤을 말면 성형 및 제품 평가 해당 항목 감점)

* 배합표

재료명	비율(%)	무게(g)
박력분	100	168
달걀	285	480
설탕	128	216
코코아파우더	21	36
베이킹소다	1	2
물	7	12
우유	17	30
계	559	944
충전용 다크커버추어	119	200
충전용 생크림	119	200
충전용 럼	12	20

* 만드는 법

❶ 달걀을 풀어준 후 설탕을 넣고 중탕한다.

❷ 고속으로 휘핑한 후 연한 미색이 되면 중속으로 바꿔 단단한 거품을 올려 준다.

❸ 반죽을 떨어뜨려 봤을 때 자국이 천천히 사라지는 정도까지 휘핑한 후 체 친 박력분, 코코아파우더, 베이킹소다를 넣으면서 주걱을 이용해 가볍게 뒤집으면서 섞는다.

❹ 중탕으로 따뜻하게 데운 물과 우유를 넣고 섞는다(반죽온도 24℃, 비중 0.45～0.50).

※ 기포를 꺼트린다는 생각으로 섞어준다.

❺ 철판에 위생지를 깔고 반죽을 부은 후 스크레이퍼를 이용해 윗면을 고르게 편다.

※ 철판을 돌려가며 반죽을 골고루 붓는다.

❻ 윗불 168℃, 아랫불 175℃ 오븐에서 15~20분간 굽는다.

❼ 타공팬으로 옮겨 위생지를 떼어낸다.

❽ 가나슈를 골고루 펴 바르고 밀대를 이용해 말아준다.
※ 롤 케이크는 되도록 빨리 말아야 표면이 갈라지지 않는다.

충전용 가나슈 만들기

❶ 다크커버추어를 중탕으로 녹인 후 생크림을 붓고 섞는다.

❷ 완전히 유화되면 럼을 넣고 잘 섞는다.

Point

❶ 달걀을 중탕으로 따뜻하게 만들어 준 후 믹싱하면 기포성이 좋은 반죽을 만들 수 있다.

❷ 믹싱을 많이 하면 구운 후 주저앉으므로 비중을 정확하게 맞춰야 한다.

❸ 소량의 밀가루를 사용하여 만들기 때문에 굽는 과정에서 수분이 너무 많이 남아있지 않도록 주의한다.

❹ 팬닝 후 큰 기포는 팬을 가볍게 내리쳐 제거한 후 오븐에 넣는다.

❺ 가나슈의 온도가 낮아져 굳지 않도록 주의한다.

❻ 굽고 난 후 롤 케이크가 미지근할 때 말아야 가나슈가 굳지 않고 잘 말린다.

* 지급 재료목록

일련 번호	재료명	규격	단위	수량
1	밀가루	박력분	g	180
2	설탕	정백당	g	230
3	우유	시유	g	40
4	달걀	60g (껍질포함)	개	10
5	코코아파우더	제과용	g	40
6	베이킹소다	제과제빵용	g	4
7	다크커버츄어	제과제빵용	g	220
8	생크림	제과제빵용	g	220
9	럼	제과제빵용	g	30
10	위생지	식품용 (8절지)	장	1
11	얼음	식용	g	200

흑미 롤 케이크 Black rice roll cake

고소한 시트에 담백한 생크림이 어우러진 롤 케이크. 쌀가루와 흑미쌀가루를 사용하지만 흑미의 비중이 적어 스펀지는 미색을 띤다. 충전물로 잼이 아닌 생크림을 사용해 부피가 커지므로 주의해서 말아야 한다. 또한 유지를 사용하지 않기 때문에 팬닝에도 주의한다.

시험시간	1시간 50분(공립법)
학습목표	1. '공립법'으로 스펀지케이크를 만들 수 있다. 2. 쌀가루를 이용하여 롤 케이크 시트를 만들 수 있다.
요구사항	1. 배합표의 각 재료를 계량하여 재료별로 진열하시오(7분). (충전용, 토핑용 재료는 계량시간에서 제외) 2. 반죽은 공립법으로 제조하시오. 3. 반죽온도는 25℃를 표준으로 하시오. 4. 반죽의 비중을 측정하시오. 5. 제시한 팬에 알맞도록 분할하시오. 6. 반죽은 전량을 사용하여 성형하시오 (시트의 밑면이 윗면이 되게 정형하시오).

* 배합표

재료명	비율(%)	무게(g)
박력쌀가루	80	240
흑미쌀가루	20	60
설탕	100	300
달걀	155	465
소금	0.8	2.4(2)
베이킹파우더	0.8	2.4(2)
우유	60	180
계	416.6	1249.8 (1249)
충전용 생크림	60	150

* 만드는 법

❶ 달걀을 풀어준 후 설탕과 소금을 넣고 중탕한다.

❷ 고속으로 휘핑한 후 연한 미색이 되면 중속으로 바꿔 단단한 거품을 올려 준다.

❸ 반죽을 떨어뜨려 보았을 때 자국이 천천히 사라지는 정도까지 휘핑한 후 함께 체 친 박력쌀가루, 흑미쌀가루, 베이킹파우더를 넣고 주걱을 이용해 가볍게 뒤집으면서 섞는다.

❹ 중탕으로 따뜻하게 데운 우유에 반죽 일부를 덜어 섞은 후 본 반죽에 넣고 가볍게 섞는다.

　(반죽온도 25℃, 비중 0.45~0.50)

※ 기포를 꺼트린다는 생각으로 섞어준다.

❺ 철판에 위생지를 깔고 반죽을 부은 후 스크레이퍼를 이용해 윗면을 고르게 편다.

※ 철판을 돌려가며 반죽을 골고루 붓는다.

❻ 윗불 175℃, 아랫불 175℃ 오븐에서 15~20분간 굽는다.

❼ 타공팬으로 옮겨 완전히 식힌 후 위생지를 떼어낸다.

❽ 생크림을 골고루 펴 바른 후 밀대를 이용해 말아준다.

❶ 달걀과 설탕을 중탕하여 믹싱하면 달걀의 기포성이 양호하고 설탕의 용해도가 좋아 균일한 껍질색을 얻을 수 있다.

❷ 유지가 들어가지 않고 쌀가루를 사용하기 때문에 팬닝하기 전 기포를 충분히 꺼트려준다.

❸ 팬닝 후 큰 기포는 팬을 가볍게 내리쳐 제거한 후 오븐에 넣는다.

*** 지급 재료목록**

일련 번호	재료명	규격	단위	수량	비고
1	박력쌀가루	박력쌀가루 (제과제빵용)	g	260	1인용
2	흑미쌀가루	100% 흑미 (제과제빵용)	g	66	1인용
3	달걀	60g (껍질포함)	개	11	1인용
4	설탕	정백당	g	330	1인용
5	소금	정제염	g	3	1인용
6	베이킹파우더	제과제빵용	g	3	1인용
7	우유	시유	ml	200	1인용
8	생크림	생크림 (식물성)	ml	165	1인용
9	위생지	식품용 (8절지)	장	3	1인용
10	제품상자	제품포장용	개	1	5인 공용

타르트 Tarte

원형틀에 파트브리제 등의 단단한 반죽을 깔고 그 위에 과일이나 크림 등을 채워 구운 제품이다.
프랑스에서는 타르트, 독일에서는 토르테, 이탈리아에서는 토르타, 미국과 영국에서는 타트라 부르
며 국가마다 제조법도 약간씩 차이가 있다. 타르트 중에서도 모양이 작은 타르트를 특별히 타르틀
레트(Tartlet)라 부른다.

<table>
<tr><td>시험시간</td><td>2시간 20분</td></tr>
<tr><td>학습목표</td><td>1. 크림법으로 타르트를 제조할 수 있다.
2. 짤주머니를 이용하여 충전물을 충전할 수 있다.</td></tr>
<tr><td rowspan="1">요구사항</td><td>1. 배합표의 반죽용 재료를 계량하여 재료별로 진열하시오(5분).
  (충전용 재료는 계량시간에서 제외)
  • 재료계량(재료당 1분) → [감독위원 계량확인] → 작품제조 및 정리정돈(전체시험시간-재료계량시간)
  • 재료계량 시간 내에 계량을 완료하지 못하여 시간이 초과된 경우 및 계량을 잘못한 경우는 추가의 시간
    부여 없이 작품제조 및 정리정돈 시간을 활용하여 요구사항의 무게대로 계량
  • 달걀의 계량은 감독위원이 지정하는 개수로 계량
2. 반죽은 크림법으로 제조하시오.
3. 반죽온도는 20℃를 표준으로 하시오.
4. 반죽은 냉장고에서 20~30분정도 휴지를 주시오.
  (토핑 등의 재료는 휴지시간을 활용하시오.)
5. 반죽은 두께 3㎜정도로 밀어 펴서 팬에 맞게 성형하시오.
6. 아몬드크림을 제조해서 팬(Ø10~12㎝) 용적의 60~70%정도 충전하시오.
7. 아몬드슬라이스를 윗면에 고르게 장식하시오.
8. 8개를 성형하시오.
9. 광택제로 제품을 완성하시오.</td></tr>
</table>

* 배합표

재료명	비율(%)	무게(g)
박력분	100	400
달걀	25	100
설탕	26	104
버터	40	160
소금	0.5	2
계	191.5	766

* 만드는 법

❶ 버터를 부드럽게 풀고 설탕, 소금을 넣고 섞는다.

❷ 달걀을 조금씩 넣어가며 섞는다.

❸ 체 친 박력분을 넣고 반죽을 한 덩어리로 뭉쳐 냉장고서 20~30분 동안 휴지한다.

❹ 반죽을 3㎜ 두께로 밀어 펴서 팬에 맞게 재단하여 깐다.

❺ 충전물(아몬드크림)을 짤주머니에 넣어 팬의 60~70% 정도 충전한 다음 아몬드 슬라이스를 골고루 뿌린다.

❻ 윗불 190℃, 아랫불 180℃ 오븐에서 25~30분 동안 굽는다.

재료명	비율(%)	무게(g)
아몬드분말	100	250
설탕	90	226
버터	100	250
달걀	65	162
브랜디	12	30
계	367	918

광택제 및 토핑

재료명	비율(%)	무게(g)
에프리코트혼당	100	150
물	40	60
계	140	210
아몬드 슬라이스	66.6	100

Point

❶ 반죽을 한 덩어리로 뭉칠 때는 날가루가 없어질 정도로 가볍게 반죽한다.

❷ 타르트 반죽을 먼저 만들고 냉장 휴지하는 동안 아몬드 크림을 제조한다.

❸ 구울 때는 아몬드의 색이 많이 나지 않도록 유의한다.

❹ 시험장에서 시간초과가 많이 발생하므로 작업 속도에 유의한다.

❼ 에프리코트혼당과 물을 섞은 다음 타르트 윗면에 발라 제품을 완성한다.

※ 타르트 윗면에 바를 에프리코트혼당과 물은 타르트가 구워지고 나오면 끓인다. (미리 끓여 놓으면 사용할 때 굳어버려 바르기 어렵다.)

충전물 (아몬드크림)

❶ 버터를 부드럽게 풀고 설탕을 넣어 크림상태로 만든다.

❷ 달걀을 풀어 조금씩 넣으면서 부드러운 크림을 만들고 체 친 아몬드분말을 넣어 섞은 다음 브랜디를 넣어 크림을 완성한다.

*** 지급 재료목록**

일련번호	재료명	규격	단위	수량
1	밀가루	박력분	g	500
2	달걀	60g (껍질포함)	개	7
3	설탕	정백당	g	350
4	소금	정제염	g	5
5	버터	무염	g	450
6	아몬드분말	제과제빵용	g	300
7	브랜디	제과용(500g)	g	35
8	아몬드슬라이스	제과용	g	110
9	에프리코트혼당	플라스틱통	g	160
10	부탄가스	가정용(220g)	개	1
11	위생지	식품용(8절지)	장	10
12	제품상자	제품포장용	개	1
13	얼음	식용	g	200

버터 스펀지 케이크 Butter sponge cake

공립법이란 달걀을 흰자와 노른자 구별 없이 한꺼번에 넣고 거품을 내는 방법으로 흰자와 노른자를 따로 거품낸 후 혼합하는 별립법보다 다소 무겁다. 둘 다 거품형 케이크 반죽에 사용하는데 공립법으로 반죽하면 케이크의 조직이 별립법에 비해 조밀하고 거품의 크기가 작다.

시험시간	**1시간 50분(공립법)**
학습목표	1. 제시된 조건으로 배합표를 완성할 수 있다. 2. '공립법'으로 스펀지 케이크를 만들 수 있다.
요구사항	1. 배합표의 각 재료를 계량하여 재료별로 진열하시오(6분). 　• 재료계량(재료당 1분) → [감독위원 계량확인] → 작품제조 및 정리정돈(전체시험시간−재료계량시간) 　• 재료계량 시간 내에 계량을 완료하지 못하여 시간이 초과된 경우 및 계량을 잘못한 경우는 추가의 시간 　　부여 없이 작품제조 및 정리정돈 시간을 활용하여 요구사항의 무게대로 계량 　• 달걀의 계량은 감독위원이 지정하는 개수로 계량 2. 반죽은 공립법으로 제조하시오. 3. 반죽온도는 25℃를 표준으로 하시오. 4. 반죽의 비중을 측정하시오. 5. 제시한 팬에 알맞도록 분할하시오. 6. 반죽은 전량을 사용하여 성형하시오.

＊ 배합표

재료명	비율(%)	무게(g)
박력분	100	500
설탕	120	600
달걀	180	900
소금	1	5[4]
바닐라향	0.5	2.5[2]
버터	20	100
계	421.5	2,107.5 [2,106]

＊ 만드는 법

❶ 달걀을 골고루 풀어주고 설탕, 소금을 넣고 섞은 후 바닐라향을 첨가하여 반죽이 일정한 간격으로 떨어질 때까지 거품을 낸다.

※ 저속−중속−고속−중속으로 하여 반죽한다.

※ 달걀과 설탕을 넣어 중탕(43℃)해서 믹싱하면 달걀의 기포성이 좋다.

❷ 체 친 박력분을 가볍게 혼합한다.

※ 반죽을 찍어 떨어뜨렸을 때 거의 매달려 있는 상태가 적당하다.

❸ 버터를 녹여(60℃) ②에 넣고 골고루 혼합한다
(반죽온도 25℃, 비중 0.55±0.05).

※ 버터가 바닥에 가라앉지 않게 하면서 빠른 시간 내에 혼합한다.

※ 용해 버터에 일부 반죽을 섞어서 혼합하는 방법도 있다.

❹ 평철판이나 원형틀에 위생지를 깔고 틀 용적의 60~65% 정도 반죽을 채운다.

※ 오븐에 넣을 때 탭핑(Tapping)을 한 번 하여 반죽 윗쪽에 올라올 기포를 터트려 준다.

❺ 윗불 175℃, 아랫불 170℃의 오븐에서 25~30분간 굽는다.

※ 다 구워지면 탭핑을 한 번 하고 뜨거운 팬에서 빨리 빼낸다.

Point

❶ 중탕한 버터의 온도가 낮으면 제품에 잘 섞이지 않아 밑부분에 덩어리진다.

❷ 믹싱 전 중탕으로 설탕의 입자를 용해시켜야 윗면에 하얀 설탕의 입자가 생기는 것을 막을 수 있다.

❸ 반죽의 비중을 정확하게 맞추어야 좋은 부피의 제품을 얻을 수 있다.

❹ 팬닝 후 큰 기포는 팬을 가볍게 내리쳐 제거한 후 오븐에 넣는다.

*** 지급 재료목록**

일련번호	재료명	규격	단위	수량
1	밀가루	박력분	g	550
2	달걀	60g (껍질포함)	개	19
3	설탕	정백당	g	660
4	소금	정제염	g	6
5	버터	무염	g	110
6	바닐라향	분말	g	3
7	식용유	대두유	㎖	50
8	위생지	식품용 (8절지)	장	10
9	제품상자	제품포장용	개	1
10	얼음	식용	g	200

버터 스펀지 케이크 Butter sponge cake

별립법

스펀지 반죽의 제법은 공립법과 별립법 2가지로 나눌 수 있는데, 차이점은 달걀의 거품 올리는 순서이다. 이중 별립법은 달걀을 흰자와 노른자로 나눠 각각 거품을 올려 섞는 방법을 말한다. 별립법으로 제품을 만들 경우 재료 혼합이 일정하지 않게 되는 단점이 있다. 반면 기포가 단단하기 때문에 꺼지기 쉬운 배합이나 공정에도 응용하기 쉬운 것이 장점이다.

시험시간	**1시간 50분(별립법)**
학습목표	1. '별립법'으로 스펀지 케이크를 만들 수 있다.
요구사항	1. 배합표의 각 재료를 계량하여 재료별로 진열하시오(8분). • 재료계량(재료당 1분) → [감독위원 계량확인] → 작품제조 및 정리정돈(전체시험시간−재료계량시간) • 재료계량 시간 내에 계량을 완료하지 못하여 시간이 초과된 경우 및 계량을 잘못한 경우는 추가의 시간 부여 없이 작품제조 및 정리정돈 시간을 활용하여 요구사항의 무게대로 계량 • 달걀의 계량은 감독위원이 지정하는 개수로 계량 2. 반죽은 별립법으로 제조하시오. 3. 반죽온도는 23℃를 표준으로 하시오. 4. 반죽의 비중을 측정하시오. 5. 제시한 팬에 알맞도록 분할하시오. 6. 반죽은 전량을 사용하여 성형하시오.

* 배합표

재료명	비율(%)	무게(g)
박력분	100	600
설탕A	60	360
설탕B	60	360
달걀	150	900
소금	1.5	9(8)
베이킹파우더	1	6
바닐라향	0.5	3(2)
용해 버터	25	150
계	398	2,388 (2,386)

* 만드는 법

❶ 달걀을 노른자와 흰자로 분리한다.

❷ 노른자를 골고루 풀어준 후 설탕A, 소금, 바닐라향을 넣고 섞는다.

※ 계량시간 내에는 달걀의 개수로 계량하며, 제조 시 흰자, 노른자를 분리한다.

❸ 흰자를 60%까지 휘핑한 후 설탕 B를 조금씩 넣으면서 80~90%까지 휘핑해 머랭을 만든다.

❹ ②에 머랭 1/3을 넣고 섞는다.

❺ 함께 체 친 박력분, 베이킹파우더를 ④에 넣고 가볍게 섞는다.

❻ 버터를 녹여 고루 섞은 후 나머지 머랭을 넣고 섞는다(반죽온도 23℃, 비중0.55±0.05).

❼ 원형틀 또는 평철판에 위생지를 깔고 50~60% 정도 반죽을 채운다.

❽ 윗불 175℃, 아랫불 170℃의 오븐(평철판의 경우에는 200℃ 전후)에서 25~30분간 굽는다.

※ 뜨거운 틀에서 빨리 빼낸다.

Point

❶ 흰자 머랭을 만들 때는 용기에 기름 성분이 없어야 하며, 달걀 분리 시에도 노른자가 들어가면 기포력이 떨어진다.

❷ 노른자 믹싱 시 약간 연한 노란색이 되어야 하며, 반죽의 점도는 반죽을 찍어 떨어뜨렸을 때 일정한 간격을 두고 주루룩 뚝뚝 떨어지는 상태이다.

❸ 노른자 반죽에 건조 재료를 섞을 때 덩어리지지 않도록 주의한다.

* 지급 재료목록

일련 번호	재료명	규격	단위	수량
1	밀가루	박력분	g	660
2	설탕	정백당	g	790
3	달걀	60g (껍질포함)	개	19
4	소금	정제염	g	10
5	베이킹파우더	제과제빵용	g	7
6	바닐라향	분말	g	4
7	버터	무염	g	165
8	식용유	대두유	㎖	50
9	위생지	식품용 (8절지)	장	10
10	제품상자	제품포장용	개	1
11	얼음	식용	g	200

파운드 케이크 Pound cake

파운드 케이크는 버터, 설탕, 달걀, 밀가루를 1파운드(450g)씩 섞어 만든 반죽을 둥근 틀에 채워 구운 버터 케이크다. 파운드 케이크 반죽을 만들 때는 기계나 주걱, 손 중 어느 것을 사용해도 무방하므로 평소 자신에게 익숙한 반죽 도구를 택하는 것이 시험장에서 유리하다. 또 무조건 하얗고 매끄럽게 기포를 올린다고 좋은 제품이 나오는 것은 아니므로 평소 많은 경험과 연습이 필요하다.

시험시간	2시간 30분(크림법)
학습목표	1. '크림법'을 이용해 반죽형 케이크를 만들 수 있다. 2. 윗면을 보기 좋게 터지도록 구울 수 있다.

요구사항	1. 배합표의 각 재료를 계량하여 재료별로 진열하시오(9분).
	  • 재료계량(재료당 1분) → [감독위원 계량확인] → 작품제조 및 정리정돈(전체시험시간−재료계량시간)
	  • 재료계량 시간 내에 계량을 완료하지 못하여 시간이 초과된 경우 및 계량을 잘못한 경우는 추가의 시간 부여 없이 작품제조 및 정리정돈 시간을 활용하여 요구사항의 무게대로 계량
	  • 달걀의 계량은 감독위원이 지정하는 개수로 계량
	2. 반죽은 크림법으로 제조하시오.
	3. 반죽온도는 23℃를 표준으로 하시오.
	4. 반죽의 비중을 측정하시오.
	5. 윗면을 터뜨리는 제품을 만드시오.
	6. 반죽은 전량을 사용하여 성형하시오.

* 배합표

재료명	비율(%)	무게(g)
박력분	100	800
설탕	80	640
버터	80	640
유화제	2	16
소금	1	8
탈지분유	2	16
바닐라향	0.5	4
베이킹파우더	2	16
달걀	80	640
계	347.5	2,780

* 만드는 법

❶ 버터를 거품기 또는 비터로 부드럽게 한 다음 소금, 설탕, 유화제를 넣고 크림상태로 만든다.

❷ 달걀을 조금씩 넣으면서 부드러운 크림을 만든다.
※ **반죽상태는 미색을 띠고 매끄러워야 한다.**

❸ 함께 체 친 베이킹파우더, 박력분, 바닐라향, 탈지분유를 섞는다(반죽온도 23℃, 비중은 0.9까지 허용).

❹ 기름기 없는 틀을 준비하여 위생지를 깔고 틀의 70% 정도 반죽을 채운다.

❺ 윗불 230~240℃, 아랫불 170℃ 오븐에서 35~40분간 굽는다.
※ **처음에는 윗불을 강하게 해서 껍질색이 빨리 갈색이 되도록 한다.**

❻ 윗면에 갈색이 들면 오븐에서 꺼내 기름을 묻힌 칼, 고무주걱 등으로 양옆 1㎝정도를 남기고 가운데 부분을 자른다.

❼ 뚜껑을 덮고 다시 윗불을 180℃로 낮춘 다음 굽는다.

※ 뚜껑을 덮는 이유는 껍질색이 너무 진하지 않고 표피를 얇게 하기 위해서다.

※ 감독위원 요구시

구워낸 파운드 케이크 윗면에 달걀(노른자 100%+설탕 20~40%)을 바른다. 이때 거품이 일지 않도록 주의하고 터진 부분에 달걀을 더 많이 칠한다.

Point

❶ 버터를 마요네즈 상태로 부드럽게 푼 후 다음 재료를 투입한다.

❷ 달걀은 서서히 투입하여 크림에 분리가 생기지 않도록 주의한다.

❸ 팬에 까는 종이는 팬의 높이와 일치하도록 해야 한다.

❹ 윗면을 터트리는 작업 시 사용하는 도구에 식용유를 묻혀 자른다.

❺ 뚜껑을 덮지 않을 경우 오븐의 온도는 170℃/170℃에서 굽는다.

* 지급 재료목록

일련번호	재료명	규격	단위	수량
1	밀가루	박력분	g	880
2	설탕	정백당	g	700
3	버터	무염	g	700
4	유화제	제과제빵용	g	18
5	소금	정제염	g	10
6	탈지분유	제과제빵용	g	18
7	바닐라향	분말	g	5
8	베이킹파우더	제과제빵용	g	18
9	달걀	60g (껍질포함)	개	15
10	식용유	대두유	mℓ	50
11	위생지	식품용 (8절지)	장	10
12	제품상자	제품포장용	개	1
13	얼음	식용	g	200

과일 케이크 Fruits cake

시험시간	2시간 30분(복합법)
학습목표	1. '복합법'으로 반죽형 케이크를 만들 수 있다. 2. 충전물의 전처리와 반죽 혼합을 잘 할 수 있다.
요구사항	1. 배합표의 각 재료를 계량하여 재료별로 진열하시오(13분). 　• 재료계량(재료당 1분) → [감독위원 계량확인] → 작품제조 및 정리정돈(전체시험시간−재료계량시간) 　• 재료계량 시간 내에 계량을 완료하지 못하여 시간이 초과된 경우 및 계량을 잘못한 경우는 추가의 시간 부여 없이 작품제조 및 정리정돈 시간을 활용하여 요구사항의 무게대로 계량 　• 달걀의 계량은 감독위원이 지정하는 개수로 계량 2. 반죽은 별립법으로 제조하시오. 3. 반죽온도는 23℃를 표준으로 하시오. 4. 제시한 팬에 알맞도록 분할하시오. 5. 반죽은 전량을 사용하여 성형하시오.

* 배합표

재료명	비율(%)	무게(g)
박력분	100	500
설탕	90	450
마가린	55	275(276)
달걀	100	500
우유	18	90
베이킹파우더	1	5(4)
소금	1.5	7.5(8)
건포도	15	75(76)
체리	30	150
호두	20	100
오렌지 필	13	65(66)
럼주	16	80
바닐라향	0.4	2
계	459.9	2,299.5 (2,300~ 2,302)

* 만드는 법

❶ 마가린을 부드럽게 한 다음 전체 설탕의 60%와 소금을 넣고 크림상태로 만든다.

❷ 노른자를 3~4회로 나누어 넣으면서 크림상태로 만들고 우유를 조금씩 나누어 혼합한 후 바닐라향을 첨가한다.

※ 계량시간 내에는 달걀의 개수로 계량하며, 제조 시 흰자, 노른자를 분리한다.

❸ 기름기가 없는 볼에 흰자를 넣고 60% 정도 믹싱한 다음 나머지 설탕을 조금씩 넣으면서 90% 정도의 머랭을 만든다.

❹ ②에 전처리한 충전물을 넣고 고루 섞은 다음 머랭 1/3을 넣어 혼합한다.

❺ 체 친 박력분, 베이킹파우더를 ④에 넣고 섞은 후 나머지 머랭도 섞는다.

❻ 원형틀에 위생지를 깔고 80% 정도 반죽을 채운다.

❼ 윗불 180℃, 아랫불 170℃의 오븐에서 35~40분간 굽는다.

Point

❶ 흰자 사용 시 용기에 기름기가 없도록 깨끗이 닦아 사용해야 한다.

❷ 흰자 머랭을 오버 믹싱하지 않도록 해야 하며, 나머지 머랭 섞기를 할 때 부드러운 머랭이 조금 남아 있어야 한다.

❸ 반죽에 과일을 넣고 너무 많이 섞으면 과일이 밑으로 가라앉을 수 있으므로 주의한다.

❹ 시험장에서 시간초과가 많이 발생하므로 작업 속도에 유의한다.

*** 지급 재료목록**

일련 번호	재료명	규격	단위	수량
1	밀가루	박력분	g	550
2	설탕	정백당	g	490
3	마가린	제과제빵용	g	300
4	달걀	60g (껍질포함)	개	11
5	우유	시유	㎖	100
6	베이킹파우더	제과제빵용	g	6
7	소금	정제염	g	9
8	건포도	제과제빵용	g	80
9	체리(병)	제과용	g	170
10	호두분태	깐 것	g	110
11	오렌지필	제과용	g	75
12	럼주	제과제빵용	㎖	90
13	바닐라향	분말	g	3
14	식용유	대두유	㎖	50
15	위생지	식품용 (8절지)	장	10
16	제품상자	제품포장용	개	1
17	얼음	식용	g	200

치즈 케이크 Cheese cake

수플레 치즈케이크를 변형한 제품으로 스펀지케이크를 이용하지 않고 작은 용기에 디저트용으로 제공되는 품목이다. 머랭을 이용한 별립법으로 오븐에서 중탕으로 오래 굽기 때문에 머랭 반죽시 거품을 지나치게 형성하면 비중이 너무 가벼워져 오븐에서 꺼낸 후 주저앉을 수 있다. 종이를 사용하지 않고 팬닝하기 전 버터를 팬닝하고 설탕으로 스프레드하여 굽고 난 후 살짝 흔들어서 빼낸다.

시험시간	2시간 30분
학습목표	1. 머랭을 이용한 별립법으로 치즈케이크를 만들 수 있다.
요구사항	1. 배합표의 각 재료를 계량하여 재료별로 진열하시오(9분). • 재료계량(재료당 1분) → [감독위원 계량확인] → 작품제조 및 정리정돈(전체시험시간−재료계량시간) • 재료계량 시간 내에 계량을 완료하지 못하여 시간이 초과된 경우 및 계량을 잘못한 경우는 추가의 시간 부여 없이 작품제조 및 정리정돈 시간을 활용하여 요구사항의 무게대로 계량 • 달걀의 계량은 감독위원이 지정하는 개수로 계량 2. 반죽은 별립법으로 제조하시오. 3. 반죽온도는 20℃를 표준으로 하시오. 4. 반죽의 비중을 측정하시오. 5. 제시한 팬에 알맞도록 분할하시오. 6. 굽기는 중탕으로 하시오. 7. 반죽은 전량을 사용하시오. ※ 감독위원은 시험 전 주어진 팬을 감안하여 팬의 개수를 지정하여 공지한다.

* 배합표

재료명	비율(%)	무게(g)
중력분	100	80
버터	100	80
설탕(A)	100	80
설탕(B)	100	80
달걀	300	240
크림치즈	500	400
우유	162.5	130
럼주	12.5	10
레몬주스	25	20
계	1,400	1,120

* 만드는 법

❶ 달걀을 노른자와 흰자로 분리한다.

※ 계량시간 내에는 달걀의 개수로 계량하며, 제조 시 흰자, 노른자를 분리한다.

❷ 버터와 설탕(A), 크림치즈, 노른자를 덩어리지지 않게 크림화한다.

❸ 우유, 럼, 레몬쥬스를 넣고 부드럽게 믹싱한다.

❹ 흰자와 설탕(B)를 이용하여 중간피크의 머랭을 만든다.

❺ 크림치즈 반죽과 머랭 1/2을 넣고 가볍게 섞고 체친가루를 넣고 섞은 후 나머지 머랭을 넣고 마무리한다.

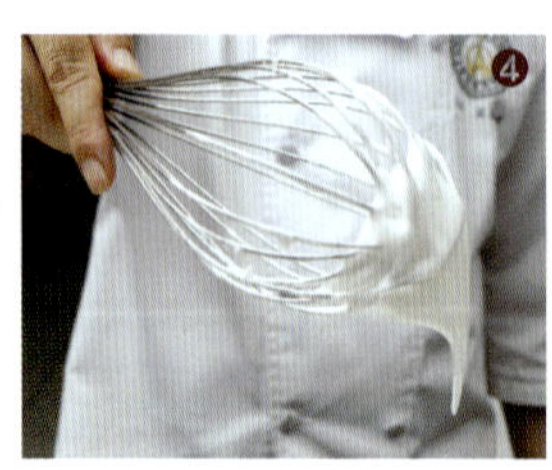

❻ 용기(비중컵)에 버터와 설탕을 바르고 80%정도 팬닝한 후 중 탕법으로 윗불150℃, 아랫불 150℃ 오븐에서 50분간 굽는다.

Point

❶ 크림치즈 혼합물을 만들 때 덩어리지 지 않게 크림치즈를 충분히 풀어준 다음 버터와 노른자를 넣고 크림화하 고 우유와 럼주, 레몬 주스를 첨가하 여 완성한다.

❷ 철판에 물을 부어 팬닝할 때 컵에 물 이 들어가지 않게 주의한다.

❸ 머랭을 넣고 반죽을 마무리할 때 충분 히 저어줘 비중을 맞춘다.

* 지급재료 목록

일련 번호	재료명	규격	단위	수량
1	밀가루	중력분	g	88
2	버터	무염	g	160
3	설탕	정백당	g	250
4	달걀	60g (껍질포함)	개	5
5	크림치즈	제과제빵용	g	440
6	우유	시유	㎖	138
7	럼주	제과제빵용	㎖	11
8	레몬주스	제과제빵용	㎖	22
9	위생지	식품용 (8절지)	장	2
10	제품상자	제품포장용	개	1
11	얼음	식용	g	200

호두파이 Walnut pie

흔히 파이하면 애플파이와 함께 떠올리는 호두파이. 맛과 영양 모두 훌륭하여 선물용으로도 그만이다. 호두는 호두나무의 열매로 열매의 핵 속 인을 식용으로 쓰며 흙 속에 묻어 과육을 썩힌 뒤 핵을 꺼내는데, 핵의 껍데기가 두꺼워 쉽게 깨지지 않는다. 호두에는 불포화지방의 일종인 오메가 3 지방이 많이 함유되어 있으며 단백질 및 비타민 B1·B2 등이 풍부하여 식용과 약용으로도 쓰인다.

시험시간	2시간 30분
학습목표	1. 손 반죽으로 호두파이를 만들 수 있다. 2. 호두파이에 들어갈 충전물을 만들 수 있다.
요구사항	1. 배껍질 재료를 계량하여 재료별로 진열하시오(7분). 　• 재료계량(재료당 1분) → [감독위원 계량확인] → 작품제조 및 정리정돈(전체시험시간−재료계량시간) 　• 재료계량 시간 내에 계량을 완료하지 못하여 시간이 초과된 경우 및 계량을 잘못한 경우는 추가의 시간 　　부여 없이 작품제조 및 정리정돈 시간을 활용하여 요구사항의 무게대로 계량 　• 달걀의 계량은 감독위원이 지정하는 개수로 계량 2. 껍질에 결이 있는 제품으로 제조하시오.(손 반죽으로 하시오) 3. 껍질 휴지는 냉장온도에서 실시하시오. 4. 충전물은 개인별로 각자 제조하시오.(호두는 구워서 사용하시오) 5. 구운 후 충전물의 층이 선명하도록 제조하시오. 6. 제시한 팬 7개에 맞는 껍질을 제조하시오. 7. 반죽은 전량을 사용하여 성형하시오.

* 배합표

재료명	비율(%)	무게(g)
중력분	100	400
노른자	10	40
소금	1.5	6
설탕	3	12
생크림	12	48
무염버터	40	160
물	25	100
계	191.5	766

* 만드는 법 – 파이껍질 (Pie Crust)

❶ 물에 설탕, 소금을 용해한 다음 생크림을 혼합하고 노른자를 풀어 혼합한다.

❷ 작업대에 중력분을 체질한 다음 버터를 놓고 중력분을 뿌려주고 스크레이퍼를 이용하여 좁쌀크기로 다져준다. 손으로 비벼서 가루상태로 만들고 액체재료를 넣어 한 덩어리로 만든다.

❸ 냉장 또는 냉동실에 20분간 휴지시킨다.

❹ 휴지된 반죽을 0.3㎝ 두께로 밀어편 후 지그재그식으로 팬에 정형한다.

❺ 바닥이 안보일 정도로 호두분태를 뿌린 후 충전시럽을 부어주고(분무기이용) 기포를 제거한 다음 굽는다.

❻ 윗불 170℃, 아랫불 160℃ 오븐에서 30～40분간 굽는다.

재료명	비율(%)	무게(g)
호두	100	250
설탕	100	250
물엿	100	250
계핏가루	1	2.5(2)
물	40	100
달걀	240	600
계	581	1,452.5 (1,452)

충전물 제조 (Filling)

❶ 설탕(250g)에 계핏가루를 섞고 물엿을 넣은 다음 중탕하여 설탕을 녹여준다

❷ 달걀을 풀어넣고 알끈이 없어질 때까지 거품기를 잘 저어준다.

※ 거품기로 저어줄 때, 거품이 나서는 안 된다.

❸ 위생지를 알맞게 잘라 덮어준 다음 냉탕으로 식혀준다.

※ 식힌 후 위생지를 제거하면 기포도 제거된다.

Point

❶ 유지는 콩알크기 정도를 유지한 채 반죽 속에 남아 있어야 한다. 빵 반죽처럼 글루텐을 발전시키지 않는다.

❷ 손가락으로 살짝 눌렀을 때 손가락 자국이 그대로 남아있으면 휴지를 끝내도 된다. 시간보다는 상태에 의해 판단하는 것이 좋다.

❸ 페이스트 시럽이 60℃ 정도 되면 달걀을 풀어 시럽과 섞어준다. 달걀이 익지 않아야 하며, 시럽에 덩어리가 생기지 않고 거품이 없어야 한다. 그래서 60℃를 유지해야 한다.

❹ 테두리 가장자리를 손가락 또는 손을 이용하여 지그재그 무늬를 만든다. 윗면이 깨끗하고 무늬가 적당한 간격을 유지하고 원형이 되어야 한다.

*** 지급 재료목록**

일련번호	재료명	규격	단위	수량
1	밀가루	중력분	g	440
2	설탕	정백당	g	300
3	소금	정제염	g	7
4	버터	무염	g	170
5	달걀	60g(껍질포함)	개	16
6	계핏가루	제과제빵용	g	4
7	호두	제과용	g	275
8	물엿	이온엿, 제과용	g	275
9	생크림(국산)	제과용	g	55
10	위생지	식품용(8절지)	장	10
11	부탄가스	가정용(220g)	개	1
12	제품상자	제품포장용	개	1
13	얼음	식용	g	200

초코머핀 Choco muffin

초콜릿 또는 초코칩을 이용해 초콜릿의 맛과 색을 내는 컵케이크이다. 머핀은 원래 이스트를 이용해 제품을 부풀리는 영국식과 베이킹파우더 등 팽창제를 사용하는 미국식이 있으나, 여기서는 팽창제와 베이킹 컵을 이용한 미국식 머핀을 제조한다.

시험시간	1시간 50분
학습목표	1. '크림법'으로 초코칩을 사용한 머핀을 만들 수 있다.
요구사항	1. 배합표의 각 재료를 계량하여 재료별로 진열하시오(11분). • 재료계량(재료당 1분) → [감독위원 계량확인] → 작품제조 및 정리정돈(전체시험시간-재료계량시간) • 재료계량 시간 내에 계량을 완료하지 못하여 시간이 초과된 경우 및 계량을 잘못한 경우는 추가의 시간 부여 없이 작품제조 및 정리정돈 시간을 활용하여 요구사항의 무게대로 계량 • 달걀의 계량은 감독위원이 지정하는 개수로 계량 2. 반죽은 크림법으로 제조하시오. 3. 반죽온도는 24℃를 표준으로 하시오. 4. 초코칩은 제품의 내부에 골고루 분포되게 하시오. 5. 반죽분할은 주어진 팬에 알맞은 양으로 반죽을 팬닝하시오. 6. 반죽은 전량을 사용하여 분할하시오. ※ 감독위원은 시험 전 주어진 팬을 감안하여 팬의 개수를 지정하여 공지한다.

* 배합표

재료명	비율(%)	무게(g)
박력분	100	500
설탕	60	300
버터	60	300
달걀	60	300
소금	1	5(4)
베이킹소다	0.4	2
베이킹파우더	1.6	8
코코아파우더	12	60
물	35	175(174)
탈지분유	6	30
초코칩	36	180
계	372	1,860 (1,858)

* 만드는 법

❶ 믹서 볼에 버터를 넣고 거품기로 부드럽게 풀어준다.

❷ 설탕과 소금을 넣고 크림상태로 만든다.

❸ 달걀을 조금씩 넣으면서 부드러운 크림상태로 만든다.

❹ 반죽에 물을 조금씩 넣어가며 섞은 다음 함께 체 친 박력분, 베이킹소다, 베이킹파우더, 코코아파우더, 탈지분유를 넣고 반죽을 균일하게 섞는다.

❺ 반죽에 초코칩을 넣고 가볍게 섞어 반죽을 완성한다(반죽온도 24℃).

❻ 주어진 틀에 머핀종이를 깔고 짤주머니에 반죽을 넣어 팬의 70% 정도 팬닝한다.

※ 바닥에 빈 공간이 생기지 않게 유의한다. (굽고 난 후 높낮이 차이가 날 수 있다.)

❼ 윗불 180℃, 아랫불 160℃ 오븐에서 20~25분 동안 굽는다.

Point

❶ 반죽이 분리되지 않도록 유의한다.

❷ 가루재료의 양의 많아 반죽이 뭉치므로 물을 먼저 반죽에 넣어 섞는다.

❸ 초코머핀은 22~24개가 완성된다.

*** 지급 재료목록**

일련 번호	재료명	규격	단위	수량
1	밀가루	박력분	g	550
2	설탕	정백당	g	330
3	버터	무염	g	330
4	달걀	60g (껍질포함)	개	7
5	소금	정제염	g	8
6	베이킹소다	제과용	g	3
7	베이킹파우더	제과용	g	10
8	코코아파우더	제과용	g	70
9	탈지분유	제과제빵용	g	40
10	초코칩	제과용	g	200
11	머핀종이	식품용 (머핀종이)	개	30
12	위생지	식품용 (8절지)	장	4
13	제품상자	제품포장용	개	1
14	얼음	식용	g	200

마데라 컵케이크 Madeira cup cake

마데라 컵 케이크는 대서양에 위치한 포르투갈 령인 마데라섬에서 생산된 와인을 첨가하여, 독특한
향과 달콤한 풍미가 있는 제품이다.

시험시간	**2시간(크림법)**
학습목표	1. 크림법으로 건포도 등을 사용한 컵케이크를 만들 수 있다.
요구사항	1. 배합표의 각 재료를 계량하여 재료별로 진열하시오(9분). (충전용 재료는 계량시간에서 제외) • 재료계량(재료당 1분) → [감독위원 계량확인] → 작품제조 및 정리정돈(전체시험시간−재료계량시간) • 재료계량 시간 내에 계량을 완료하지 못하여 시간이 초과된 경우 및 계량을 잘못한 경우는 추가의 시간 부여 없이 작품제조 및 정리정돈 시간을 활용하여 요구사항의 무게대로 계량 • 달걀의 계량은 감독위원이 지정하는 개수로 계량 2. 반죽은 크림법으로 제조하시오. 3. 반죽온도는 24℃를 표준으로 하시오. 4. 반죽분할은 주어진 팬에 알맞은 양을 팬닝하시오. 5. 적포도주 퐁당을 1회 바르시오. 6. 반죽은 전량을 사용하여 성형하시오. ※ 감독위원은 시험 전 주어진 팬을 감안하여 팬의 개수를 지정하여 공지한다.

* 배합표

재료명	비율(%)	무게(g)
박력분	100	400
버터	85	340
설탕	80	320
소금	1	4
달걀	85	340
베이킹파우더	2.5	10
건포도	25	100
호두	10	40
적포도주	30	120
계	418.5	1,674
분당	20	80
적포도주	5	20

* 만드는 법

❶ 볼에 버터를 넣고 거품기를 이용해 부드럽게 만든다.

❷ 설탕과 소금을 넣고 크림상태로 만든다.

❸ 달걀을 조금씩 나누어 넣으면서 부드러운 크림으로 만든다.

❹ 건포도와 잘게 썬 호두에 약간의 덧가루를 뿌려 버무린 다음 크림에 넣고 골고루 섞는다(반죽온도 24℃).

❺ 함께 체 친 박력분과 베이킹파우더를 넣고 가볍게 섞은 다음 적포도수를 넣어 섞는다.

❻ 컵케이크틀에 유산지나 종이를 깔아 준비하고 짤주머니에 반죽을 넣어 팬의 70% 정도까지 짠다.

※ 바닥에 빈 공간이 생기지 않게 유의한다(굽고 난 후 높낮이 차이가 날 수 있다).

❼ 윗불 180℃, 아랫불 160℃의 오븐에서 25~30분정도 굽다가 껍질색이 나고 내용물이 안정된 상태가 되면, 꺼내어 표면에 적 포도주 시럽을 고루 바르고 다시 오븐에 넣어 시럽의 수분을 증발시킨다.

※ 시럽을 바르고 다시 오븐에 넣을 때는 밑불을 끈다.

Point

❶ 충전물은 적포도주에 전처리한 후 꺼내어 소량의 밀가루에 버무린 후 반죽에 투입해야 가라앉지 않는다.

*** 지급 재료목록**

일련 번호	재료명	규격	단위	수량
1	밀가루	박력분	g	440
2	버터	무염	g	370
3	설탕	정백당	g	350
4	소금	정제염	g	5
5	달걀	60g (껍질포함)	개	7
6	건포도	제과제빵용	g	110
7	호두분태	제과용	g	44
8	베이킹파우더	제과제빵용	g	11
9	적포도주	제과제빵용	㎖	160
10	분당	제과제빵용 (전분 5%정도 포함)	g	100
11	유산지 컵	제과제빵류	개	40
12	위생지	식품용 (8절지)	장	10
13	제품상자	제품포장용	개	1
14	얼음	식용	g	200

슈 Choux à la crème

슈 반죽을 철판에 짜고 오븐에 구우면 수분이 급속히 증발하고 부풀며 속이 빈다. 이때 슈 반죽을 충분히 부풀게 하려면 녹말이 잘 호화되도록 가열해야 한다. 너무 가열하면 밀가루 속의 글루텐이 변성해 탄력이 없어지고, 가열이 불충분하면 점성이 불충분해지거나 녹말이 지방과 뭉쳐 탄력이 균일하지 않게 된다.

시험시간	2시간
학습목표	1. 수작업으로 슈(choux) 반죽을 만들 수 있다.
요구사항	1. 배합표의 껍질 재료를 계량하여 재료별로 진열하시오(5분). • 재료계량(재료당 1분) → [감독위원 계량확인] → 작품제조 및 정리정돈(전체시험시간−재료계량시간) • 재료계량 시간 내에 계량을 완료하지 못하여 시간이 초과된 경우 및 계량을 잘못한 경우는 추가의 시간 부여 없이 작품제조 및 정리정돈 시간을 활용하여 요구사항의 무게대로 계량 • 달걀의 계량은 감독위원이 지정하는 개수로 계량 2. 껍질 반죽은 수작업으로 하시오. 3. 반죽은 직경 3㎝ 전후의 원형으로 짜시오. 4. 커스터드 크림을 껍질에 넣어 제품을 완성하시오. (충전용 커스터드 크림을 지급재료로 제공하며, 수험생은 제조하지 않음) 5. 반죽은 전량을 사용하여 성형하시오.

* 배합표

재료명	비율(%)	무게(g)
물	125	250
버터	100	200
소금	1	2
중력분	100	200
달걀	200	400
계	526	1,052
커스터드 크림	500	1,000

* 만드는 법

❶ 동그릇에 물과 버터, 소금을 넣고 끓인다.

❷ 중력분을 체 친 후 ①에 넣고 호화시킨다.

※ 다시 약한 불에 올려 밑바닥이 눌지 않도록 저으면서 충분히 익힌다.

❸ 달걀을 1~2개씩 넣으면서 끈기가 생기도록 나무주걱으로 저어준다.

※ 반죽의 되기는 광택이 나고 떨어뜨렸을 때 그대로 모양이 남는 정도가 적당하다.

❹ 짤주머니에 지름 1㎝의 둥근 깍지를 끼우고 반죽을 채워 충분한 간격을 띄우고 지름 3㎝ 정도로 짠 후 분무기로 표면이 완전히 젖도록 물을 뿌려준다.

※ 물을 뿌리는 이유는 부피가 커지고 표면이 양배추 모양으로 자연스럽게 터지도록 하기 위해서다.

❺ 윗불 170℃, 아랫불 180℃ 오븐에서 15분 정도 구워 부피가 팽창되면 윗불 180℃로 높이고 아랫불 150℃로 낮추어 건조시키면서 굽는다(총 굽는시간 20~30분).

※ 표면에 수분이 없어질 때까지 건조시키지 않으면 모양이 찌그러진다.

❻ 밑면이나 옆면에 구멍을 뚫어준 후 냉각된 크림을 충전한다.

※ 충분히 넣되, 밖으로 흘러 나오지 않도록 한다.

충전용 크림

재료명	비율(%)	무게(g)
우유	100	900
노른자	12	108
설탕	25	225
옥수수 전분	10	90
버터	6	54
바닐라향	0.6	5.4
럼	3	27
계	156.6	1,409.4

※ 충전용 크림은 시험장에서 제조하지 않지만
현장 실기를 위해 제조법을 수록함.

충전용 크림 만들기

❶ 우유를 80℃ 정도로 데운다.

❷ 다른 그릇에 설탕과 옥수수 전분을 넣고 섞은 후 노른자를 섞
는다.

※ 설탕과 옥수수 전분을 먼저 섞은 후 노른자를 넣어야 덩어리가 지지 않
는다. 그래도 덩어리가 질 것 같으면 우유를 조금 넣고 섞는다.

❸ ②에 ①을 넣고 불에 올려 풀과 같은 상태가 될 때까지 젓는다.
끓기 시작해 1~2분이 지나면 불에서 내린다.

❹ 뜨거울 때 버터를 넣고 섞은 후 바닐라향을 넣는다.

※ 크림에 광택이 나면서 찰기가 있어야 한다.

❺ 향이 날아가지 않도록 식은 후 럼을 넣고 섞는다.

Point

❶ 반죽을 너무 익혀 호화가 지나치거나,
호화가 부족하지 않도록 한다.

❷ 슈를 오븐에 굽기 전에 충분히 분무하
거나 침지시켜 굽는다.

❸ 굽는 도중 오븐 문을 열지 않도록 한
다. 반죽이 주저앉을 수 있다.

* 지급 재료목록

일련 번호	재료명	규격	단위	수량
1	밀가루	중력분	g	280
2	버터	무염	g	220
3	소금	정제염	g	3
4	달걀	60g (껍질포함)	개	9
5	커스터드 크림	커스터드 파우더로 제조된 것	g	1,100
6	식용유	대두유	㎖	50
7	위생지	식품용 (8절지)	장	2
8	부탄가스	가정용(220g)	개	1
9	제품상자	제품포장용	개	1
10	얼음	식용	g	200

다쿠아즈 Dacquoise

다쿠아즈는 비스킷의 원산지로 유명한 프랑스 닥스(Dax) 지방에서 탄생한 과자다. 다쿠아즈라는 의미는 닥스 스타일(Dax style)이라는 뜻으로 이 지방의 생활방식을 담은 과자라는 의미이다. 다쿠아즈는 닥스에서 생산되는 아몬드를 주원료로 창안됐는데 아몬드파우더와 설탕, 밀가루를 머랭과 섞어 반죽하고 구워 갖가지 향의 크림을 샌드해서 만든다.

시험시간	1시간 50분
학습목표	1. 지시에 따라 만든 머랭으로 다쿠아즈를 만들 수 있다. 2. 캐러멜 크림을 만들 수 있다.
요구사항	1. 배합표의 각 재료를 계량하여 재료별로 진열하시오(5분). 　(충전용 재료는 계량시간에서 제외) 　• 재료계량(재료당 1분) → [감독위원 계량확인] → 작품제조 및 정리정돈(전체시험시간−재료계량시간) 　• 재료계량 시간 내에 계량을 완료하지 못하여 시간이 초과된 경우 및 계량을 잘못한 경우는 추가의 시간 　　부여 없이 작품제조 및 정리정돈 시간을 활용하여 요구사항의 무게대로 계량 　• 달걀의 계량은 감독위원이 지정하는 개수로 계량 2. 머랭을 사용하는 반죽을 만드시오. 3. 표피가 갈라지는 다쿠아즈를 만드시오. 4. 다쿠아즈 2개를 크림으로 샌드하여 1조의 제품으로 완성하시오. 5. 반죽은 전량을 사용하여 성형하시오.

* 배합표

재료명	비율(%)	무게(g)
달걀 흰자	130	325(326)
설탕	40	100
아몬드분말	80	200
분당	66	165(166)
박력분	20	50
계	336	840(842)
버터크림 (샌드용)	90	225(226)

* 만드는 법

❶ 흰자를 믹서 볼에 넣고 60% 상태까지 휘핑한 다음 설탕을 조금씩 넣으면서 100%의 머랭을 만든다.

❷ 함께 체 친 아몬드파우더와 슈거파우더, 박력분을 ①의 머랭과 섞는다(머랭은 1/3 정도를 먼저 섞은 다음 나머지를 넣어 섞는다) .

❸ 짤주머니에 반죽을 채운 다음 다쿠아즈틀에 짠다.

❹ 스패튤러를 이용해 윗면을 고른 다음 슈거파우더를 뿌린다.

❺ 윗불 200℃, 아랫불 160℃의 오븐에서 10~12분간 굽는다..

❻ 캐러멜 크림을 다쿠아즈 2장 사이에 짜서 완성한다(슈거파우더가 뿌려진 면이 겉이 되도록 한다).

※ 시험장에서 크림 제공

재료명	비율(%)	무게(g)
무염버터	100	400
설탕	50	200
생크림	25	100
물	15	60
계	190	760

캐러멜 크림 만드는 법

❶ 설탕과 물을 함께 끓여 진한 색의 캐러멜을 만든다.

❷ 캐러멜이 뜨거울 때 따뜻한 생크림 원액을 넣으면서 나무주걱으로 골고루 섞은 후 식힌다.

❸ 부드럽게 만든 버터를 ②와 섞어 크림상태로 만든다.

※ 캐러멜 크림은 시험장에서 제조하지 않지만 현장 실기를 위해 제조법을 수록함.

Point

❶ 캐러멜 크림 제조 시 생크림은 뜨겁게 데운 후 캐러멜과 섞어준다. 차가운 생크림을 넣어 섞으면 응축될 수 있다.

❷ 스패튤러를 이용하여 반죽의 윗면을 고르게 하는 평탄작업을 너무 오래하면 반죽 내 머랭이 가라앉을 수 있으니 주의한다.

* 지급 재료목록

일련번호	재료명	규격	단위	수량
1	밀가루	박력분	g	60
2	달걀	60g (껍질포함)	개	10
3	설탕	정백당	g	110
4	아몬드분말	제과용	g	220
5	분당	제과제빵용 (전분 5% 정도 포함)	g	180
6	버터크림	샌드용	g	240
7	식용유	대두유	㎖	20
8	위생지	식품용 (8절지)	장	10
9	부탄가스	가정용(220g)	개	1
10	제품상자	제품포장용	개	1
11	얼음	식용	g	200

마들렌 Madeleine

비스킷 반죽을 조개 모양으로 구운 소형 과자. 프랑스의 대표적인 과자 중 하나로 풍부한 버터향과 부드러운 식감이 특징이다. 4가지 중요 재료인 밀가루, 설탕, 유지, 달걀이 1/4씩 동량이 들어가는 4/4 케이크로 이것 외에 파운드 케이크 등이 있다. 오븐의 위치에 따른 온도 차이가 있으므로 적당한 시간에 따라 방향을 바꿔 주면서 고른 색이 나도록 한다.

시험시간	1시간 50분
학습목표	1. 수작업으로 기본 마들렌을 만들 수 있다.
요구사항	1. 배합표의 각 재료를 계량하여 재료별로 진열하시오(7분). • 재료계량(재료당 1분) → [감독위원 계량확인] → 작품제조 및 정리정돈(전체시험시간−재료계량시간) • 재료계량 시간 내에 계량을 완료하지 못하여 시간이 초과된 경우 및 계량을 잘못한 경우는 추가의 시간 부여 없이 작품제조 및 정리정돈 시간을 활용하여 요구사항의 무게대로 계량 • 달걀의 계량은 감독위원이 지정하는 개수로 계량 2. 마들렌은 수작업으로 하시오. 3. 버터를 녹여서 넣는 1단계법(변형) 반죽법을 사용하시오. 4. 반죽온도는 24℃를 표준으로 하시오. 5. 실온에서 휴지를 시키시오. 6. 제시된 팬에 알맞은 반죽량을 넣으시오. 7. 반죽은 전량을 사용하여 성형하시오.

* 배합표

재료명	비율(%)	무게(g)
박력분	100	400
베이킹파우더	2	8
설탕	100	400
달걀	100	400
레몬껍질	1	4
소금	0.5	2
버터	100	400
계	403.5	1,614

* 만드는 법

❶ 볼에 박력분, 베이킹파우더, 설탕을 넣고 거품기로 골고루 섞는다.

❷ 달걀을 2~3회에 걸쳐 나누어 넣으면서 혼합한다.

❸ 강판에 간 레몬껍질과 소금을 넣고 골고루 섞은 다음 녹인 버터를 적당히 식힌 후 부드럽게 섞는다 (반죽온도 24℃).
※ 레몬은 노란 껍질부분만 갈아 쓴다.

❹ 실온에서 30분간 휴지시킨다.
※ 여름철에는 냉장휴지 시키는 것이 좋다.

❺ 기름칠 한 마들렌틀에 원형깍지를 넣은 짤주머니를 이용, 반죽을 80~90% 정도 채운다.
※ 은박컵 사용 시 60~65% 팬닝.

❻ 윗불 200℃, 아랫불 160℃의 오븐에서 20분간 구워낸다.

❶ 뜨거운 버터를 혼합 시 제품의 부피가 줄어들 수 있으므로, 버터 혼합 시 버터의 상태를 확인한 후 혼합한다.

*** 지급 재료목록**

일련 번호	재료명	규격	단위	수량
1	밀가루	박력분	g	440
2	베이킹파우더	제과제빵용	g	9
3	설탕	정백당	g	440
4	달걀	60g (껍질포함)	개	8
5	레몬껍질	생 레몬피 (레몬 제스트)	g	5
6	소금	정제염	g	3
7	버터	무염	g	440
8	식용유	대두유	㎖	20
9	위생지	식품용 (8절지)	장	2
10	제품상자	제품포장용	개	1
11	얼음	식용	g	200

브라우니 Brownies

버터 케이크와 쿠키의 중간에 위치한 영국의 전통과자. 미국에서 더 인기를 끄는 과자로 구운색이 갈색(브라운)이 나는데서 브라우니로 불리게 되었다. 다크 초콜릿과 여러가지 견과류를 사용하여 만들고, 먹기좋게 잘라서 포장하는 경우가 많지만 여기서는 원형 형태로 만든다.

시험시간	1시간 50분

학습목표
1. 케이크와 쿠키의 중간형태인 브라우니를 만들 수 있다.
2. 견과류를 혼합한 과자를 만들 수 있다.

요구사항
1. 배합표의 각 재료를 계량하여 재료별로 진열하시오(9분).
   - 재료계량(재료당 1분) → [감독위원 계량확인] → 작품제조 및 정리정돈(전체시험시간-재료계량시간)
   - 재료계량 시간 내에 계량을 완료하지 못하여 시간이 초과된 경우 및 계량을 잘못한 경우는 추가의 시간 부여 없이 작품제조 및 정리정돈 시간을 활용하여 요구사항의 무게대로 계량
   - 달걀의 계량은 감독위원이 지정하는 개수로 계량
2. 브라우니는 수작업으로 반죽하시오.
3. 버터와 초콜릿을 함께 녹여서 넣는 1단계 변형반죽법으로 하시오.
4. 반죽온도는 27℃를 표준으로 하시오.
5. 반죽은 전량을 사용하여 성형하시오.
6. 3호 원형팬 2개에 팬닝하시오.
7. 호두의 반은 반죽에 사용하고 나머지 반은 토핑하며, 반죽 속과 윗면에 골고루 분포되게 하시오 (호두는 구워서 사용).

* 배합표

재료명	비율(%)	무게(g
중력분	100	300
달걀	120	360
설탕	130	390
소금	2	6
버터	50	150
다크초콜릿 (커버춰)	150	450
코코아파우더	10	30
바닐라향	2	6
호두	50	150
계	614	1,842

* 만드는 법

❶ 다크초콜릿과 버터를 함께 중탕으로 녹인다.

❷ 볼에 달걀을 넣고 가볍게 풀어준다.

❸ 설탕, 소금을 넣고 섞는다.

❹ 섞어놓은 다크초콜릿과 버터를 반죽에 넣고 골고루 섞는다.

❺ 함께 체 친 중력분, 코코아파우더, 바닐라향을 넣고 골고루 섞는다.

❻ 호두를 구워 반죽에 1/2을 넣고 섞어 반죽을 완성한다(반죽온도 27℃).

❼ 팬에 유산지를 재단하여 깔고 반죽의 윗면을 평평하게 정리한 다음 나머지 호두를 골고루 뿌린다.

❽ 윗불 170℃, 아랫불 160℃ 오븐에서 40~45분 동안 굽는다.

❶ 초콜릿은 녹을 정도로 중탕하고, 버터는 약간 뜨겁게 작업하는 것이 좋다.

❷ 초콜릿이 많이 들어가는 배합으로 반죽이 굳는 경우에는 따뜻한 물을 준비해 밑에 받쳐가며 반죽한다.

❸ 팬닝 시 반죽이 주르륵 흐를 정도가 되어야 잘 된 반죽이다.

❹ 초콜릿이 많이 들어가 구은 색으로 판단하기 어려우니 굽는 정도에 유의한다.

*** 지급 재료목록**

일련 번호	재료명	규격	단위	수량
1	밀가루	중력분	g	330
2	달걀	60g (껍질포함)	개	7
3	설탕	정백당	g	400
4	소금	정제염	g	8
5	버터	무염	g	160
6	호두분태	제과용	g	160
7	코코아파우더	제과용	g	40
8	다크초콜릿 (커버춰)	제과용	g	500
9	바닐라향	분말	g	7
10	위생지	식품용 (8절지)	장	6
11	부탄가스	가정용(220g)	개	1
12	제품상자	제품포장용	개	1
13	얼음	식용	g	200

쇼트 브레드 쿠키 Short bread cookie

다량의 버터, 설탕, 밀가루로 구운 쿠키로 바삭바삭한 식감이 특징이다. 마지팬이나 아몬드파우더를 섞어 만들기도 한다. 옛날 스코틀랜드에는 갓 시집온 신부가 시댁에 들어갈 때 신부의 머리 위에 이 쿠키를 얹고 부수며 축복해 주는 풍습이 있었다. 그래서 쇼트 브레드는 부서지기 쉽게 만들어졌다.

시험시간	2시간
학습목표	1. '크림법'으로 쿠키 반죽을 만들 수 있다. 2. 반죽의 두께를 균일하게 밀어펴 쿠키를 만들 수 있다.
요구사항	1. 배합표의 각 재료를 계량하여 재료별로 진열하시오(9분). • 재료계량(재료당 1분) → [감독위원 계량확인] → 작품제조 및 정리정돈(전체시험시간–재료계량시간) • 재료계량 시간 내에 계량을 완료하지 못하여 시간이 초과된 경우 및 계량을 잘못한 경우는 추가의 시간 부여 없이 작품제조 및 정리정돈 시간을 활용하여 요구사항의 무게대로 계량 • 달걀의 계량은 감독위원이 지정하는 개수로 계량 2. 반죽은 수작업으로 하여 크림법으로 제조하시오. 3. 반죽온도는 20℃를 표준으로 하시오. 4. 제시한 정형기를 사용하여 두께 0.7∼0.8㎝, 지름 5∼6㎝(정형기에 따라 가감) 정도로 정형하시오. 5. 제시한 2개의 팬에 전량 성형하시오(단, 시험장 팬의 크기에 따라 감독위원이 별도로 지정할 수 있다) 6. 달걀노른자칠을 하여 무늬를 만드시오. • 달걀은 총 7개를 사용하며, 달걀 크기에 따라 감독위원이 가감하여 지정할 수 있다. ① 배합표 반죽용 4개(달걀 1개+노른자용 달걀 3개) ② 달걀 노른자칠용 달걀 3개

* 배합표

재료명	비율(%)	무게(g)
박력분	100	500
마가린	33	165(166)
쇼트닝	33	165(166)
설탕	35	175(176)
소금	1	5(6)
물엿	5	25(26)
달걀	10	50
노른자	10	50
바닐라향	0.5	2.5(2)
계	227.5	1,137.5 (1,142)

* 만드는 법

❶ 마가린과 쇼트닝을 부드럽게 한 다음 설탕, 물엿, 소금을 넣고 크림상태로 만든다.

※ 이 공정은 겨울에 특히 주의할 공정으로 마가린과 쇼트닝의 경도가 같을 경우에는 함께 섞고, 다를 경우는 경도가 높은 것부터 유연하게 만든 후 섞는다.

※ 실내 온도가 낮은 경우에는 그릇에 더운물을 받쳐 크림상태로 만든다.

❷ 노른자와 달걀을 혼합하여 조금씩 넣으면서 믹싱해 부드럽게 만든 후 바닐라향을 넣어 섞는다.

❸ 체 친 밀가루를 ②와 혼합해 반죽을 한 덩어리로 만든 다음 냉장고에서 20∼30분간 휴지를 시킨다.

※ 손가락으로 살짝 눌렀을 때 자국이 그대로 남으면 휴지를 끝낸다.

❹ 밀어 펴기 쉽도록 반죽을 2개로 나눈 다음 0.7∼0.8㎝ 두께로 균일하게 밀어 편다.

❺ 시험장에서 제시된 정형기를 이용해 반죽을 찍어낸다.

❻ 철판에 상하좌우 간격을 2.5㎝씩 맞춰 팬닝한다.

❼ 윗면에 노른자를 2회 바르고 요구사항이 있을 경우 포크로 무늬를 낸다.

❽ 윗불 210℃, 아랫불 150℃ 오븐에서 15~18분간 황금갈색이 날 때까지 굽는다.

Point

❶ 밀가루를 섞을 때 오버 믹싱하지 않는다. 글루텐이 형성되면 딱딱한 식감의 쿠키가 되므로 주의해야 한다.

❷ 유지의 크림화를 많이 하면 반죽이 질어져 밀어 펴기 할 때 힘들다.

❸ 쿠키 위의 무늬는 동일하게 해야 한다.

*** 지급 재료목록**

일련 번호	재료명	규격	단위	수량
1	밀가루	박력분	g	660
2	달걀	60g (껍질포함)	개	7
3	설탕	정백당	g	231
4	소금	정제염	g	7
5	쇼트닝	제과용	g	218
6	물엿	이온엿, 제과용	g	33
7	마가린		g	218
8	바닐라향	분말	g	4
9	식용유	대두유	㎖	50
10	위생지	식품용 (8절지)	장	10
11	제품상자	제품포장용	개	1
12	얼음	식용	g	200

버터 쿠키 Butter cookie

짜서 굽는 버터 풍미가 가득한 쿠키. 글루텐이 형성되지 않도록 가루재료를 섞을 때 주의해야 한다. 버터는 지질이 많은 식품이므로 오래 놓아두면 산화하여 산패를 일으킨다. 냉장해 두지 않으면 곰팡이가 피며 녹아서 버터 특유의 재질감이 없어지고 풍미도 나빠진다. 그러므로 −5~0℃에서 직사광선이 닿지 않는 깨끗한 곳에 보관해야 한다. 또, 냄새를 잘 흡수하므로 냄새가 강한 물건 옆에 두지 않는다.

시험시간	2시간(크림법)
학습목표	1. '크림법'으로 쿠키 반죽을 만들 수 있다. 2. 반죽의 두께를 균일하게 밀어펴 쿠키를 만들 수 있다.
요구사항	1. 배합표의 각 재료를 계량하여 재료별로 진열하시오(6분). • 재료계량(재료당 1분) → [감독위원 계량확인] → 작품제조 및 정리정돈(전체시험시간−재료계량시간) • 재료계량 시간 내에 계량을 완료하지 못하여 시간이 초과된 경우 및 계량을 잘못한 경우는 추가의 시간 부여 없이 작품제조 및 정리정돈 시간을 활용하여 요구사항의 무게대로 계량 • 달걀의 계량은 감독위원이 지정하는 개수로 계량 2. 반죽은 크림법으로 수작업 하시오. 3. 반죽온도는 22℃를 표준으로 하시오. 4. 별모양깍지를 끼운 짤주머니를 사용하여 두 가지 모양짜기를 하시오(8자, 장미모양). 5. 반죽은 전량을 사용하여 성형하시오.

* 배합표

재료명	비율(%)	무게(g)
박력분	100	400
버터	70	280
설탕	50	200
소금	1	4
달걀	30	120
바닐라향	0.5	2
계	251.5	1,006

* 만드는 법

❶ 볼에 버터를 넣고 거품기로 부드럽게 풀어준다.

❷ ①에 설탕과 소금을 넣어 섞은 다음 달걀을 조금씩 넣으면서 부드러운 크림을 만든다.

❸ ②에 바닐라향을 넣는다.

❹ 체 친 박력분을 넣고 가볍게 섞는다(반죽온도 22℃).
※ 일반 케이크 반죽의 90% 정도만 혼합한다.

❺ 평철판에 별모양 깍지를 넣은 짤주머니를 이용, 3㎝ 간격을 띄우면서 S자 모양으로 로제트(장미봉오리) 모양으로 짠다.

❻ 윗불 190~200℃, 아랫불 150℃의 오븐에서 10~12분 정도 굽는다.

❶ 달걀 투입시 유지가 분리되지 않도록 서서히 투입해야 한다.

❷ 철판에 쿠키를 짤 때 일정한 간격과 크기를 유지해야 고른 색깔의 제품을 얻을 수 있다.

❸ 낮은 온도에서 쿠키를 구우면 건조되기 쉬우므로 높은 온도에서 빨리 구워야 한다.

*** 지급 재료목록**

일련 번호	재료명	규격	단위	수량
1	밀가루	박력분	g	440
2	설탕	정백당	g	220
3	버터	무염	g	310
4	소금	정제염	g	5
5	바닐라향	분말	g	3
6	달걀	60g (껍질포함)	개	3
7	위생지	식품용 (8절지)	장	10
8	부탄가스	가정용(220g)	개	1
9	제품상자	제품포장용	개	1
10	얼음	식용	g	200

실기시험 출제기준

제빵산업기사

제과산업기사

제빵기능사

제과기능사

직무분야	식품가공	중직무분야	제과·제빵	자격종목	제빵산업기사	적용기간	2025.01.01~2027.12.31

○ 직무내용

빵류제품 제조에 필요한 이론지식과 숙련기능을 활용하여 생산계획을 수립하고 재료구매, 생산, 품질관리, 판매, 위생 업무를 실행하는 직무이다.

○ 수행준거

1. 제품별 배합표에 따라 재료를 계량하고 제조방법에 따라 반죽을 만들 수 있다.

2. 제품종류에 맞는 제조방법으로 반죽하고, 충전물을 제조할 수 있다.

3. 빵의 종류에 따라 1차 발효하기, 2차 발효하기, 다양한 발효를 할 수 있다.

4. 발효된 반죽을 분할, 둥글리기, 중간발효, 성형, 패닝을 수행할 수 있다.

5. 제품의 특성에 적합한 온도로 익히기를 할 수 있다.

6. 빵의 특성에 따라 충전을 하거나 토핑을 하여 제품을 냉각, 포장 및 진열할 수 있다.

7. 조리빵, 고율배합빵, 저율배합빵, 페이스트리 등을 제조할 수 있다.

8. 위생안전관리를 수행 할 수 있다.

9. 품질 목표를 달성하기 위하여 품질검사, 품질평가, 품질개선활동, 공정안전관리를 수행할 수 있다.

실기검정방법	작업형	시험시간	4시간 정도

실기 과목명	주요항목	세부항목	세세항목
빵류 제조 실무	1. 빵류제품 재료구매관리	1. 재료 구매관리하기	1. 재료구매 검토 시 생산계획에 기초하여 원료의 수급 현황을 파악할 수 있다.
		2. 설비 구매관리하기	1. 설비구매 검토 시 생산계획에 기초하여 생산설비능력을 파악할 수 있다.
	2. 빵류제품 스트레이트 반죽	1. 스트레이트법 반죽하기	1. 스트레이트 반죽 시 작업지시서에 따라 반죽의 온도를 맞출 수 있다. 2. 스트레이트 반죽 시 제품 특성에 따라 반죽기의 속도를 조절할 수 있다. 3. 스트레이트 반죽 완료 시 제품특성에 따라 반죽 정도의 적절성을 점검할 수 있다.
		2. 비상스트레이트법 반죽하기	1. 비상스트레이트 반죽 시 작업지시서에 따라 반죽의 온도를 맞출 수 있다. 2. 비상스트레이트 반죽 시 제품특성에 따라 반죽기의 속도를 조절할수 있다. 3. 비상스트레이트 반죽 완료 시 제품특성에 따라 반죽 정도의 적절성을 점검할 수 있다.
	3. 빵류제품 반죽발효	1. 1차 발효하기	1. 1차 발효 시 반죽 온도의 차이에 따라 발효시간을 조절할 수 있다. 2. 1차 발효 시 조건에 따라 발효시간을 조절할 수 있다. 3. 1차 발효 시 제품특성에 따라 발효완료점을 찾을 수 있다.

실기 과목명	주요항목	세부항목	세세항목
빵류 제조 실무		2. 2차 발효하기	1. 2차 발효 시 제품별 발효 조건에 맞게 발효할 수 있다.
		3. 다양한 발효하기	1. 다양한 발효 시 반죽의 종 류에 따라 발효조건에 맞게 발효할 수 있다.
	4. 빵류제품 반죽정형	1. 반죽 분할, 둥글리기	1. 반죽분할 시 제품특성에 따라 신속, 정확하게 분할할 수 있다. 2. 반죽둥글리기 시 반죽크 기와 반죽상태를 고려하여 둥글리기 할 수 있다.
		2. 중간발효하기	1. 중간발효 시 제품특성에 따라 실온 또는 발효기에서 발효할 수 있다. 2. 중간발효 시 반죽의 간격 을 유지하여 중간발효 할 수 있다. 3. 중간발효 시 반죽이 마르 지 않도록 관리할 수 있다.
		3. 반죽 성형, 패닝하기	1. 제품특성에 따라 모양을 만들 수 있다. 2. 제품특성에 따라 충전물 과 토핑물을 이용할 수 있다. 3. 발효상태와 사용할 팬을 고려하여 패닝할 수 있다.
	5. 빵류제품 반죽익힘	1. 반죽 굽기	1. 굽기 시 제품특성에 따라 적합한 굽기 관리를 할 수 있다.
		2. 반죽 튀기기	1. 튀기기 시 반죽의 발효상 태를 고려하여 튀김온도와 시간을 조절할수 있다. 2. 튀기기 시 제품특성에 따 라 모양과 색상을 균일하게 튀겨낼 수 있다.
		3. 다양한 익히기	1. 제품특성에 따라 다양한 익히기를 할 수 있다.
	6. 조리빵 만들기	1. 조리빵 반죽하기	1. 조리빵 작업지시서에 따 라 재료를 준비할 수 있다. 2. 조리빵 작업지시서에 따 라 반죽의 온도를 맞출 수 있다. 3. 조리빵 반죽완료시 반죽 정도의 적절성을 점검할 수 있다.
		2. 조리빵 1차발효하기	1. 1차발효 시 제품특성에 따른 발효조건을 확인할 수 있다. 2. 1차발효 시 반죽 온도의 차이에 따라 발효시간을 조절할 수 있다. 3. 1차발효 시 발효조건에 따라 발효상태를 점검할 수 있다.
		3. 조리빵 충전물 · 토핑물 만들기	1. 제품특성에 따라 충전에 필요한 재료를 준비할 수 있다. 2. 제품특성에 따라 소스를 준비할 수 있다. 3. 제품특성에 따라 충전물을 제조할 수 있다.

실기 과목명	주요항목	세부항목	세세항목
빵류 제조 실무		4. 조리빵 정형하기	1. 제품특성에 따라 정형할 수 있다.
		5. 조리빵 2차발효하기	1. 제품특성에 따라 발효기의 온도와 습도를 설정할 수 있다. 2. 제품특성에 따라 발효완료점을 확인할 수 있다.
		6. 조리빵 완성하기	1. 반죽과 충전물 특성에 따라 가열온도와 시간을 결정할 수 있다. 2. 반죽발효 상태를 고려하여 익힘을 할 수 있다. 3. 원형상태가 보존될 수 있도록 온도와 습도를 고려하여 제품을 냉각할 수 있다. 4. 제품특성에 따라 토핑하거나 충전하여 마무리할 수 있다.
	7. 고율배합빵 만들기	1. 고율배합빵 반죽하기	1. 고율배합빵 작업지시서에 따라 재료를 준비할 수 있다. 2. 고율배합빵 작업지시서에 따라 반죽의 온도를 맞출 수 있다. 3. 고율배합빵 작업지시서에 따라 반죽기의 속도를 조절할 수 있다. 4. 고율배합빵 반죽완료시 반죽정도의 적절성을 점검할 수 있다.
		2. 고율배합빵 1차발효하기	1. 1차발효 시 제품별 발효 조건을 확인할 수 있다 2. 1차발효 시 반죽 온도의 차이에 따라 발효시간을 조절할 수 있다. 3. 1차발효 시 발효조건에 따라 발효상태를 점검할 수 있다.
		3. 고율배합빵 정형하기	1. 고율배합빵 반죽특성에 따라 분할할 수 있다. 2. 고율배합빵 반죽특성에 따라 둥글리기 할 수 있다. 3. 고율배합빵 반죽특성에 따라 중간발효시간을 조절할 수 있다. 4. 고율배합빵 반죽특성에 따라 성형할 수 있다. 5. 고율배합빵 반죽특성에 따라 패닝할 수 있다.
		4. 고율배합빵 2차발효하기	1. 2차발효 시 제품특성에 따라 발효할 수 있다. 2. 2차발효 시 제품특성에 따라 온도와 시간을 조절할 수 있다. 3. 2차발효 시 반죽 분할양 과 모양에 따라 발효완료점을 확인할 수 있다.
		5. 고율배합빵 굽기	1. 제품특성에 따라 오븐온도와 시간을 결정할 수 있다. 2. 굽기 전에 토핑물을 토핑할 수 있다. 3. 제품특성에 따라 굽기를 할 수 있다.

실기 과목명	주요항목	세부항목	세세항목
빵류 제조 실무	8. 저율배합빵 만들기	1. 저율배합빵 반죽하기	1. 저율배합빵 작업지시서에 따라 재료를 준비할 수 있다. 2. 저율배합빵 작업지시서에 따라 반죽의 온도를 맞출 수 있다. 3. 저율배합빵 작업지시서에 따라 반죽기의 속도를 조절할 수 있다. 4. 저율배합빵 반죽완료시 반죽정도의 적절성을 점검할 수 있다.
		2. 저율배합빵 1차발효하기	1. 1차발효 시 제품별 발효 조건을 확인할 수 있다 2. 1차발효 시 반죽 온도의 차이에 따라 발효시간을 조절할 수 있다. 3. 1차발효 시 발효조건에 따라 발효상태를 점검할 수 있다.
		3. 저율배합빵 정형하기	1. 저율배합빵 반죽특성에 따라 분할할 수 있다. 2. 반죽의 손상을 최소화하여 둥글리기 할 수 있다. 3. 저율배합빵 반죽특성에 따라 중간발효시간을 조절할 수 있다. 4. 저율배합빵 반죽특성에 따라 성형할 수 있다. 5. 저율배합빵 반죽특성에 따라 패닝할 수 있다.
		4. 저율배합빵 2차발효하기	1. 2차발효 시 제품특성에 따라 발효기나 실온에서 발효할 수 있다. 2. 2차발효 시 반죽 분할양 과 모양에 따라 발효완료점을 확인할 수 있다. 3. 2차발효 시 제품특성에 따라 면포, 덧가루를 사용할 수 있다.
		5. 저율배합빵 굽기	1. 제품특성에 따라 오븐온 도와 시간을 결정할 수 있다. 2. 오븐특성에 따라 철판 또는 오븐바닥에 구울 수 있다. 3. 제품특성에 따라 스팀을 사용할 수 있다.
	9. 페이스트리 만들기	1. 페이스트리 반죽하기	1. 페이스트리 작업지시서에 따라 재료를 준비할 수 있다. 2. 페이스트리 작업지시서에 따라 반죽의 온도를 맞출 수 있다. 3. 페이스트리 작업지시서에 따라 반죽기의 속도를 조절 할 수 있다. 4. 페이스트리 반죽완료시 반죽정도의 적절성을 점검할 수 있다.
		2. 페이스트리 1차발효하기	1. 제품특성에 따라 반죽 발효조건을 확인할 수 있다. 2. 반죽상태에 따라 반죽 발효시간을 조절할 수 있다. 3. 반죽상태에 따라 반죽 발효상태를 점검할 수 있다.

실기 과목명	주요항목	세부항목	세세항목
빵류 제조 실무		3. 페이스트리 정형하기	1. 작업지시서에 따라 충전용 유지를 준비할 수 있다. 2. 작업지시서에 따라 충전용 유지 싸기를 할 수 있다. 3. 작업지시서에 따라 밀어펴기, 접기, 휴지를 반복할 수 있다. 4. 제품특성에 따라 성형할 수 있다. 5. 제품특성에 따라 충전물, 토핑물을 사용할 수 있다. 6. 제품특성에 따라 패닝할 수 있다.
		4. 페이스트리 2차발효하기	1. 제품특성에 따라 온도와 습도를 조절할 수 있다. 2. 제품특성에 따라 발효완료점을 확인할 수 있다.
		5. 페이스트리 완성하기	1. 제품특성에 따라 오븐온도와 시간을 결정할 수 있다. 2. 반죽발효 상태를 고려하여 굽기를 할 수 있다. 3. 제품특성에 따라 냉각할 수 있다. 4. 제품특성에 따라 토핑하거나 충전하여 마무리할 수 있다.
	10. 빵류제품 위생안전관리	1. 개인 위생안전관리 하기	1. 식품위생법에 준한 작업복, 복장, 개인건강, 개인위생 등을 관리할 수 있다. 2. 식품위생법에 준한 개인 위생으로 발생하는 교차오염 등을 관리할 수 있다. 3. 식중독의 발생 요인과 증상 및 대처방법에 따라 개인 위생에 대하여 점검 관리할 수 있다.
		2. 환경 위생안전관리 하기	1. 작업환경 위생안전관리 시 지침서에 따라 작업장 주변 정리 정돈 및 소독 등을 관리 점검할 수 있다. 2. 작업환경 위생안전관리지침서에 따라 제품을 제조하는 작업장의 미생물 오염원인, 안전위해요소 등을 제거 할 수 있다. 3. 작업환경 위생안전관리지침서에 따라 방충을 할 수 있다. 4. 작업환경 위생안전관리지침서에 따라 작업장 주변 환경을 점검 관리할 수 있다.
		3. 기기 위생안전관리 하기	1. 기기위생안전관리지침서에 따라 기자재관리를 할 수 있다. 2. 기기위생안전관리지침서에 따라 소도구관리를 할 수 있다. 3. 기기위생안전관리지침서에 따라 설비관리를 할 수 있다.
		4. 식품 위생안전관리 하기	1. 식품 특성에 따라 위생안전관리 계획을 수립할 수 있다. 2. 식품 특성에 따라 구분하여 위생안전관리를 할 수 있다. 3. 식품 특성에 따라 위생안전관리 상태를 확인할 수 있다.

실기 과목명	주요항목	세부항목	세세항목
빵류 제조 실무	11. 빵류제품 품질관리	1. 품질기획하기	1. 품질기획 수립 시 경영목표를 기준으로 품질관리의 방향을 파악할 수 있다.
		2. 품질검사하기	1. 품질검사시 품질검사계획에 따라 검사를 실행할 수 있다.
		3. 품질개선하기	1. 품질개선 시 품질검사 결과를 기준으로 품질문제를 파악할 수 있다.
		4. 공정안전관리하기	1. 공정안전관리지침서에 따라 공정별 생물적, 화학적, 물리적 위해요소를 파악할 수 있다.
	12. 매장관리	1. 매장관리하기	1. 인력, 판매, 고객 관리를 할 수 있다.

제과산업기사 실기 출제기준

직무분야	식품가공	중직무분야	제과·제빵	자격종목	제과산업기사	적용기간	2025.01.01~2027.12.31

○ 직무내용

과자류제품 제조에 필요한 이론지식과 숙련기능을 활용하여 생산계획을 수립하고 재료구매, 생산, 품질관리, 판매, 위생 업무를 실행하는 직무이다.

○ 수행준거

1. 제품별 배합표에 따라 재료를 계량하고 제조방법에 따라 반죽을 만들 수 있다.

2. 제품종류에 맞는 제조방법으로 반죽하고, 충전물을 제조할 수 있다.

3. 과자류반죽을 분할·성형하여 패닝할 수 있다.

4. 작업지시서에 따라 굽기, 튀기기, 찌기 과정을 통해 익힐 수 있다.

5. 초콜릿 재료를 준비하고 부속물을 만들어 마무리 할 수 있다.

6. 케이크시트에 아이싱크림을 만들어 바르고 크림을 짜서 조화롭게 장식할 수 있다.

7. 케이크에 관한 재료를 준비하고 혼합물을 만들어 완성할 수 있다.

8. 위생안전관리를 수행할 수 있다.

9. 품질 목표를 달성하기 위하여 품질검사, 품질평가, 품질개선활동, 공정안전관리를 수행할 수 있다.

실기검정방법	작업형	시험시간	3시간 정도

실기 과목명	주요항목	세부항목	세세항목
과자류 제조 실무	1. 과자류제품 재료구매관리	1. 재료 구매관리하기	1. 재료구매 검토 시 생산계획에 기초하여 원료의 수급 현황을 파악할 수 있다.
		2. 설비 구매관리하기	1. 생산계획에 기초하여 생산설비능력을 파악할 수 있다.
	2. 과자류제품 재료혼합	1. 반죽형 반죽하기	1. 반죽형 반죽제조 시 제품별로 배합표에 따라 재료를 확인할 수 있다. 2. 반죽형 반죽제조 시 재료의 특성에 따라 전처리를 할 수 있다. 3. 반죽형 반죽제조 시 작업지시서에 따라 해당 제품의 반죽을 할 수 있다. 4. 반죽형 반죽제조 시 작업지시서에 따라 반죽 온도, 비중 등을 확인할 수 있다.
		2. 거품형 반죽하기	1. 거품형 반죽제조 시 제품 별로 배합표에 따라 재료를 확인할 수 있다. 2. 거품형 반죽제조 시 재료의 특성에 따라 전처리를 할 수 있다. 3. 거품형 반죽제조 시 작업지시서에 따라 해당 제품의 반죽을 할 수 있다. 4. 거품형 반죽제조 시 작업지시서에 따라 반죽 온도, 비중 등을 확인할 수 있다.

실기 과목명	주요항목	세부항목	세세항목
과자류 제조 실무		3. 퍼프 페이스트리 반죽하기	1. 퍼프 페이스트리 반죽제조 시 제품별로 배합표에 따 라 재료를 확인할 수 있다. 2. 퍼프 페이스트리 반죽제조 시 작업지시서에 따라 전 처리를 할 수 있다. 3. 퍼프 페이스트리 반죽제조 시 작업지시서에 따라 반 죽을 할 수 있다. 4. 퍼프 페이스트리 반죽제조 시 작업지시서에 따른 반 죽온도를 관리할 수 있다.
		4. 부속물 제조하기	1. 부속물 제조 시 작업지시서에 따라 재료를 확인할 수 있다. 2. 부속물 제조 시 재료의 특성에 따라 전처리를 할 수 있다. 3. 부속물 제조 시 작업지시서에 따라 해당제품의 부속 물을 만들 수 있다. 4. 부속물 제조 시 작업지시서에 따라 해당제품의 부속 물을 관리할 수 있다.
		5. 다양한 반죽하기	1. 다양한 제품 반죽 시 제품별로 배합표에 따라 재료 를 확인할 수 있다. 2. 다양한 제품 반죽 시 작업지시서에 따라 전처리 를 할 수 있다. 3. 다양한 제품 반죽 시 작업지시서에 따라 반죽을 할 수 있다.
	3. 과자류제품 반죽정형	1. 케이크류 정형하기	1. 케이크류 정형 시 제품에 필요한 팬을 준비할 수 있다. 2. 케이크류 정형 시 작업지시서에 따라 반죽을 분할, 팬 닝할 수 있다. 3. 케이크류 정형 시 작업지시서에 따른 적정 여부를 확 인할 수 있다.
		2. 쿠키류 정형하기	1. 쿠키류 정형 시 작업지시서에 따라 정형에 필요한 기구를 준비할 수 있다. 2. 쿠키류 정형 시 제품의 특성에 따라 분할하여 성 형, 팬닝할 수 있다. 3. 쿠키류 정형 시 작업지시서의 규격 여부에 따라 정 형 결과를 확인할 수 있다.
		3. 퍼프페이스트리 정형하기	1. 퍼프페이스트리 정형 시 작업지시서에 따라 정형에 필요한 기구, 설비를 준비할 수 있다. 2. 퍼프페이스트리 정형 시 제품의 특성에 따라 분할 하여 성형, 팬닝할 수 있다. 3. 퍼프페이스트리 정형 시 작업지시서의 규격 여부에 따라 정형 결과를 확인할 수 있다.

실기 과목명	주요항목	세부항목	세세항목
과자류 제조 실무		4. 다양한 정형하기	1. 다양한 제품 성형 시 작업 지시서에 따라 정형에 필요한 기구, 설비를 준비할 수 있다. 2. 다양한 제품 정형 시 제품의 특성에 따라 분할하여 성형, 팬닝할 수 있다. 3. 다양한 제품 정형 시 작업 지시서의 규격 여부에 따라 정형 결과를 확인할 수 있다.
	4. 과자류제품 반죽익힘	1. 반죽 굽기	1. 제품의 특성에 따라 오븐의 종류를 선택할 수 있다. 2. 제품의 특성에 따라 오븐 온도, 시간, 습도 등을 설정할 수 있다. 3. 제품의 특성에 따라 오븐 온도, 시간, 습도 등에 대한 굽기 관리를 할 수 있다. 4. 굽기 완료 시 제품의 특성에 따라 적합하게 구워진 상태를 확인할 수 있다.
		2. 반죽 튀기기	1. 제품의 특성에 따라 튀김 기름의 품질, 온도, 양 등을 맞출 수 있다. 2. 제품의 특성에 따라 양면에 고른 색상이 나도록 튀길 수 있다. 3. 제품의 특성에 따라 제품이 서로 붙거나 기름을 지나치게 흡수되지 않도록 튀김 관리를 할 수 있다. 4. 튀김 완료시 제품의 특성에 따라 적합하게 튀겨진 상태를 확인할 수 있다.
		3. 반죽 찌기	1. 제품의 특성에 따라 찜기의 종류를 선택할 수 있다. 2. 제품의 특성에 따라 스팀 온도, 시간, 압력 등을 설정할 수 있다. 3. 제품의 특성에 따라 스팀 온도, 시간, 압력 등에 대한 찌기관리를 할 수 있다. 4. 찌기완료 시 제품의 특성에 따라 적합하게 쪄진 상태를 확인할 수 있다.
	5. 초콜릿제품 만들기	1. 초콜릿 재료 준비하기	1. 작업지시서에 따라 틀을 준비할 수 있다. 2. 작업지시서에 따라 재료를 준비할 수 있다. 3. 작업지시서에 따라 초콜릿을 템퍼링할 수 있다.
		2. 초콜릿제품 부속물 만들기	1. 작업지시서에 따라 재료를 확인할 수 있다. 2. 재료의 특성에 따라 전처리를 할 수 있다. 3. 작업지시서에 따라 해당 제품의 부속물을 만들 수 있다.
		3. 초콜릿제품 정형하기	1. 초콜릿의 특성에 따라 온도를 조절할 수 있다. 2. 제품특성에 따라 성형할 수 있다. 3. 제품특성에 따라 충전물을 사용할 수 있다. 4. 제품특성에 따라 토핑물을 사용할 수 있다.

실기 과목명	주요항목	세부항목	세세항목
과자류 제조 실무		4. 초콜릿제품 마무리하기	1. 제품특성에 따라 장식할 수 있다. 2. 제품특성에 따라 포장할 수 있다. 3. 제품특성에 따라 보관 상태를 관리할 수 있다.
	6. 장식케이크 만들기	1. 케이크시트 만들기	1. 작업지시서에 따라 재료를 준비할 수 있다. 2. 용도에 따른 반죽을 만들 수 있다. 3. 작업지시서에 따라 팬에 담을 수 있다. 4. 제품 특성에 맞게 굽기를 할 수 있다. 5. 제품 특성에 맞게 재단을 할 수 있다.
		2. 아이싱크림 만들기	1. 제품 특성에 따라 아이싱용 재료를 준비할 수 있다. 2. 제품 특성에 따라 아이싱크림을 만들 수 있다. 3. 제품 특성에 따라 아이싱크림을 착색할 수 있다.
		3. 아이싱하기	1. 케이크시트에 시럽을 바를 수 있다. 2. 중간 케이크시트에 아이싱크림을 바를 수 있다. 3. 아이싱크림으로 케이크를 아이싱할 수 있다.
		4. 크림 짜기	1. 작업지시서에 따라 재료를 준비할 수 있다. 2. 아이싱 된 케이크에 선을 그릴 수 있다. 3. 아이싱크림으로 짜기를 할 수 있다.
		5. 완성하기	1. 제품 특성에 따라 장식물을 준비할 수 있다. 2. 제품 특성에 따라 장식할 수 있다. 3. 제품의 특성에 따라 포장 할 수 있디.
	7. 무스케이크 만들기	1. 무스케이크 재료 준비하기	1. 작업지시서에 따라 팬을 준비할 수 있다. 2. 작업지시서에 따라 재료를 준비할 수 있다. 3. 작업지시서에 따라 케이크 시트를 제조할 수 있다.
		2. 무스케이크 혼합물 만들기	1. 혼합물 제조 시 제품특성에 따라 재료를 확인할 수 있다. 2. 혼합물 제조 시 재료특성에 따라 전처리를 할 수 있 다. 3. 혼합물 제조 시 작업지시서에 따라 해당 제품의 혼합물을 만들 수 있다. 4. 제품 특성에 따라 혼합물을 이용한 무스크림을 만들 수 있다. 5. 제품 특성에 따라 글레이즈를 만들 수 있다.

실기 과목명	주요항목	세부항목	세세항목
과자류 제조 실무		3. 무스케이크 정형하기	1. 무스케이크 특성에 따라 케이크 시트를 재단할 수 있다. 2. 재단한 케이크 시트를 팬에 담을 수 있다. 3. 제품의 특성에 따라 시럽을 사용할 수 있다. 4. 제품의 특성에 따라 혼합물을 팬에 담아 냉각할 수 있다. 5. 제품의 특성에 따라 글레이즈를 코팅할 수 있다.
		4. 무스케이크 완성하기	1. 제품의 특성에 따라 재단할 수 있다. 2. 제품의 특성에 따라 장식할 수 있다. 3. 제품의 특성에 따라 포장할 수 있다. 4. 제품의 특성에 따라 보관 상태를 관리할 수 있다.
	8. 과자류제품 위생안전관리	1. 개인 위생안전관리하기	1. 식품위생법에 준한 작업복, 복장, 개인건강, 개인위생 등을 관리할 수 있다. 2. 식품위생법에 준한 개인 위생으로 발생하는 교차오염 등을 관리할 수 있다. 3. 식중독의 발생 요인과 증상 및 대처방법에 따라 개인 위생에 대하여 점검 관리할 수 있다.
		2. 환경 위생안전관리하기	1. 작업환경 위생안전관리 시 지침서에 따라 작업장 주변 정리 정돈 및 소독 등을 관리 점검할 수 있다. 2. 작업환경 위생안전관리지 침서에 따라 제품을 제조하는 작업장의 미생물 오염원인, 안전위해요소 등을 제거할 수 있다. 3. 작업환경 위생안전관리지침서에 따라 방충을 할 수 있다. 4. 작업환경 위생안전관리지침서에 따라 작업장 주변 환경을 점검 관리할 수 있다.
		3. 기기 안전관리하기	1. 기기위생안전관리지침서에 따라 기자재관리를 할 수 있다. 2. 기기위생안전관리지침서에 따라 소도구관리를 할 수 있다. 3. 기기위생안전관리지침서에 따라 설비관리를 할 수 있다.
		4. 식품 위생안전관리하기	1. 식품 특성에 따라 위생안전관리계획을 수립할 수 있다. 2. 식품 특성에 따라 구분하여 위생안전관리를 할 수 있다. 3. 식품 특성에 따라 위생안전관리 상태를 확인할 수 있다.

실기 과목명	주요항목	세부항목	세세항목
과자류 제조 실무	9. 과자류제품 　품질관리	1. 품질기획하기	1. 품질기획 수립 시 품질관리 방향에 따라 관련 사례 등을 검토할 수 있다.
		2. 품질검사하기	1. 품질검사시 품질검사계획에 따라 검사를 실행할 수 있다.
		3. 품질개선하기	1. 품질개선 시 품질검사 결과를 기준으로 품질 문제를 파악할 수 있다.
		4. 공정 안전관리하기	1. 공정안전관리지침서에 따라 공정별 생물적, 화학적, 물리적 위해요소를 파악할 수 있다.
	10.매장관리	1. 매장관리하기	1. 인력, 판매, 고객 관리를 할 수 있다.

제빵기능사 실기 출제기준

직무분야	식품가공	중직무분야	제과·제빵	자격종목	제빵기능사	적용기간	2023.1.1.~2025.12.31.

○ 직무내용

빵류 제품을 제공하기 위한 체계적인 기술과 생산계획을 수립하여 생산, 판매, 위생 및 관련 업무를 실행하는 직무이다.

○ 수행준거

1. 제품개발을 통해 결정된 제품별 배합표에 따라 재료를 계량하고 여러 가지 제조 방법에 따라 반죽을 만들 수 있다
2. 빵의 종류에 따라 부피와 풍미를 결정하는 것으로 1차 발효하기, 2차 발효하기, 다양한 발효를 할 수 있다.
3. 발효된 반죽을 미리 정한 크기로 나누어 원하는 제품 모양으로 만드는 과정으로 분할, 둥글리기, 중간 발효, 성형, 팬닝을 수행할 수 있다.
4. 식감과 풍미가 좋아지도록 제품의 특성에 적합한 온도로 익히기를 할 수 있다.
5. 빵의 특성에 따라 충전을 하거나 토핑을 하여 제품을 냉각, 포장 및 진열할 수 있다.
6. 완제품의 위생적이고 안전한 제조를 위해서 개인, 환경, 기기, 공정의 위생안전관리를 수행할 수 있다.
7. 생산 시작 전에 개인위생, 작업장 환경, 기기·도구에 대한 점검과 제품 생산에 필요한 재료를 계량할 수 있다.

실기검정방법	작업형	시험시간	4시간 정도

실기 과목명	주요항목	세부항목	세세항목
제빵 실무	1. 빵류제품 　　스트레이트 반죽	1. 스트레이트법 　　반죽하기	1. 스트레이트 반죽 시 작업지시서에 따라 사용수의 온도를 조절할 수 있다. 2. 스트레이트 반죽 시 제품 특성에 따라 반죽기의 속도를 조절할 수 있다. 3. 스트레이트 반죽 완료 시 제품 특성에 따라 반죽 정도의 적절성을 점검할 수 있다.
		2. 비상스트레이트법 　　반죽하기	1. 비상스트레이트 반죽 시 작업지시서에 따라 사용수의 온도를 조절할 수 있다. 2. 비상스트레이트 반죽 시 제품 특성에 따라 반죽기의 속도를 조절할 수 있다. 3. 비상스트레이트 반죽 완료 시 제품 특성에 따라 반죽 정도의 적절성을 점검할 수 있다.
	2. 빵류제품 　　스펀지 도우 반죽	1. 스펀지 반죽하기	1. 스펀지 반죽 준비 시 작업지시서에 따라 사용수의 온도를 계산할 수 있다. 2. 스펀지 반죽 시 제품 특성에 따라 반죽기의 속도를 조절할 수 있다. 3. 스펀지 반죽 완료 시 제품 특성에 따라 반죽 정도의 적절성을 점검할 수 있다.

실기 과목명	주요항목	세부항목	세세항목
제빵 실무		2. 본반죽하기	1. 본반죽 시 제품 특성에 따라 스펀지 상태를 점검할 수 있다. 2. 본반죽 준비 시 작업지시서에 따라 사용수의 온도를 계산할 수 있다. 3. 본반죽 시 제품 특성에 따라 반죽기의 속도를 조절할 수 있다. 4. 본반죽 완료 시 제품 특성에 따라 반죽 정도의 적절성을 점검할 수 있다.
	3. 빵류제품 특수 반죽	1. 사우어도우법 반죽하기	1. 제품 특성에 적합한 사우어도우 스타터를 만들 수 있다. 2. 온도와 시간에 따라 사우어도우 스타터를 점검할 수 있다. 3. 최종 반죽의 물성에 적합하도록 사용수 온도와 양을 조절할 수 있다. 4. 제품 특성에 따라 반죽기의 속도를 조절할 수 있다. 5. 스타터 상태에 따라 최종 반죽의 적절성을 점검할 수 있다.
		2. 액종법 반죽하기	1. 제품 특성에 적합한 액종을 선택하여 만들 수 있다. 2. 온도와 시간에 따라 액종 상태를 점검 관리할 수 있다. 3. 최종 반죽의 물성에 적합하도록 사용수 온도와 양을 조절할 수 있다. 4. 제품 특성에 따라 반죽기의 속도를 조절할 수 있다. 5. 액종 상태에 따라 최종 반죽의 적절성을 점검할 수 있다.
	4. 빵류제품 반죽발효	1. 1차 발효하기	1. 1차 발효 시 제품별 발효 조건을 기준으로 발효할 수 있다. 2. 1차 발효 시 반죽 온도의 차이에 따라 발효 시간을 조절할 수 있다. 3. 1차 발효 시 발효 조건에 따라 발효 시간을 조절할 수 있다. 4. 1차 발효 시 팽창 정도에 따라 발효 완료 시점을 찾을 수 있다.
		2. 2차 발효하기	1. 2차 발효 시 제품별 발효조건에 맞게 발효할 수 있다. 2. 2차 발효 시 반죽 분할량과 정형모양에 따라 발효시점을 확인할 수 있다. 3. 2차 발효 시 빵을 굽는 오븐 조건에 따라 2차 발효를 조절할 수 있다. 4. 2차 발효 시 빵의 특성에 따라 면포, 덧가루를 사용할 수 있다.

실기 과목명	주요항목	세부항목	세세항목
제빵 실무		3. 다양한 발효하기	1. 다양한 발효 시 반죽의 종류에 따라 발효조건에 맞게 발효할 수 있다. 2. 다양한 발효 시 발효의 분류에 따라 온도 및 시간을 조절할 수 있다. 3. 다양한 발효 시 제품에 따라 펀칭, 발효할 수 있다.
	5. 빵류제품 반죽정형	1. 반죽 분할 및 둥글리기	1. 반죽 분할 시 제품 기준 중량을 기반으로 계량하여 분할 할 수 있다. 2. 반죽 분할 시 제품 특성을 기준으로 신속, 정확하게 분할 할 수 있다. 3. 반죽 둥글리기 시 반죽 크기에 따라 둥글리기 할 수 있다. 4. 반죽 둥글리기 시 실내온도와 반죽 상태를 고려하여 둥글리기 할 수 있다.
		2. 중간 발효하기	1. 중간 발효 시 제품 특성을 기준으로 실온 또는 발효실에서 발효할 수 있다. 2. 중간 발효 시 반죽 크기에 따라 반죽의 간격을 유지하여 중간 발효할 수 있다. 3. 중간 발효 시 반죽이 마르지 않도록 비닐 또는 젖은 헝겊으로 덮어 관리할 수 있다. 4. 중간 발효 시 제품 특성에 따라 중간 발효시간을 조절할 수 있다.
		3. 반죽 성형 팬닝하기	1. 성형작업 시 밀대를 이용하여 가스빼기를 할 수 있다. 2. 손으로 성형 시 제품의 특성에 따라 말기, 꼬기, 접기, 비비기를 할 수 있다. 3. 성형작업 시 충전물과 토핑물을 이용하여 싸기, 바르기, 짜기, 넣기를 할 수 있다. 4. 팬닝작업 시 비용적을 계산하여 적정량을 팬닝할 수 있다. 5. 팬닝작업 시 발효율과 사용할 팬을 고려하여 적당한 간격으로 팬닝할 수 있다.
	6. 빵류제품 반죽익힘	1. 반죽 굽기	1. 굽기 시 빵의 특성에 따라 발효상태, 충전물, 반죽물성에 적합한 시간과 온도를 결정할 수 있다. 2. 반죽을 오븐에 넣을 시 팽창상태를 기준으로 충격을 최소화하여 굽기를 할 수 있다. 3. 굽기 시 온도편차를 고려하여 팬의 위치를 바꾸어 골고루 구워낼 수 있다. 4. 굽기 시 반죽의 발효 상태와 토핑물의 종류를 고려하여 구워낼 수 있다.

실기 과목명	주요항목	세부항목	세세항목
제빵 실무		2. 반죽 튀기기	1. 튀기기 시 반죽 표피의 수분량을 고려하여 건조 시켜 튀겨낼 수 있다. 2. 튀기기 시 반죽의 발효 상태를 고려하여 튀김 온도와 시간, 투입 시점을 조절할 수 있다. 3. 튀기기 시 제품의 품질을 고려하여 튀김기름의 신선도를 확인할 수 있다. 4. 튀기기 시 제품특성에 따라 모양과 색상을 균일하게 튀겨낼 수 있다.
		3. 다양한 익히기	1. 다양한 익히기 시 제품특성에 따라 익히는 방법을 결정할 수 있다. 2. 찌기 시 제품특성에 따라 찌기온도와 시간을 조절할 수 있다. 3. 찌기 시 제품의 크기와 생산량에 따라 찜통의 용량을 조절할 수 있다. 4. 데치기 시 발효상태와 생산량에 따라 온도와 용기의 용량을 조절하여 생산할 수 있다.
	7. 빵류제품 마무리	1. 빵류제품 충전하기	1. 충전물 선택 시 영양성분을 고려하여 맛과 영양을 극대화할 수 있다. 2. 충전물 생산 시 제품의 특성을 고려하여 충전물을 생산할 수 있다. 3. 충전물 사용 시 제품과 재료의 특성을 고려하여 충전물을 사용, 관리할 수 있다. 4. 충전물 사용 완료 시 정확한 비율과 사용량을 기반으로 완제품을 만들 수 있다.
		2.. 빵류제품 토핑하기	1. 토핑물 선택 시 영양성분을 고려하여 맛과 영양을 극대화 할 수 있다. 2. 토핑물 생산 시 제품의 특성을 고려하여 토핑물을 생산할 수 있다. 3. 토핑물 사용 시 제품과 재료의 특성을 고려하여 토핑물을 사용, 관리할 수 있다. 4. 토핑물 사용 완료 시 정확한 비율과 사용량을 기반으로 완제품을 만들 수 있다.
		3. 빵류제품 냉각포장하기	1. 포장, 진열 시 제품 특성과 포장재, 진열대를 고려하여 제품의 신선도를 유지, 관리할 수 있다. 2. 포장, 진열 시 제품 특성과 포장재, 진열대를 고려하여 제품을 위생적으로 유지, 관리할 수 있다. 3. 진열관리 시 제품 특성에 따라 제품을 더욱 돋보이게 진열할 수 있다. 4. 제품을 진열관리 시 판매 시간 및 매출 추이를 기반으로 재고 관리를 할 수 있다.

실기 과목명	주요항목	세부항목	세세항목
제빵 실무	8. 빵류제품 위생안전관리	1. 개인 위생안전관리하기	1. 식품위생법에 준해서 개인위생 안전관리 지침서를 만들 수 있다. 2. 식품위생법에 준한 작업복, 복장, 개인건강, 개인위생 등을 관리할 수 있다. 3. 식품위생법에 준한 개인위생으로 발생하는 교차오염 등을 관리할 수 있다. 4. 식중독의 발생 요인과 증상 및 대처 방법에 따라 개인위생에 대하여 점검 관리할 수 있다.

직무분야	식품가공	중직무분야	제과·제빵	자격종목	제과기능사	적용기간	2023.1.1.~2025.12.31.

○ 직무내용

과자류제품을 제공하기 위한 체계적인 기술과 생산계획을 수립하여 생산, 판매, 위생 및 관련 업무를 실행하는 직무이다.

○ 수행준거

1. 제품개발을 통해 결정된 제품별 배합표에 따라 재료를 계량하고, 제품 종류에 맞는 반숙 방법으로 반죽하며, 충전물을 제조할 수 있다.

2. 작업 지시서에 따라 정한 크기로 나누어 원하는 제품 모양으로 만드는 일련의 과정으로 다양한 과자류제품을 분할 팬닝하고 성형할 수 있다.

3. 성형을 거친 반죽을 작업 지시서에 따라 굽기, 튀기기, 찌기 과정을 통해 익힐 수 있다.

4. 외부환경으로부터 제품을 보호하기 위해 냉각, 장식, 포장할 수 있다.

5. 제과에 사용되는 재료, 반제품, 완제품의 품질이 변하지 않도록 실온, 냉장, 냉동저장하고 매장에 적시에 제품을 제공할 수 있다.

6. 완제품의 위생적이고 안전한 제조를 위해서 개인, 환경, 기기, 공정의 위생안전관리를 수행할 수 있다.

7. 제품생산 시작 전에 개인위생, 작업장 환경, 기기·도구에 대한 점검과 제품생산에 필요한 재료를 계량할 수 있다.

실기검정방법	작업형	시험시간	3시간 정도

실기 과목명	주요항목	세부항목	세세항목
제과 실무	1. 과자류제품 재료혼합	1. 재료 계량하기	1. 최종제품 규격서에 따라 배합표를 점검할 수 있다. 2. 제품별 배합표에 따라 재료를 준비할 수 있다. 3. 제품별 배합표에 따라 재료를 계량할 수 있다. 4. 제품별 배합표에 따라 정확한 계량 여부를 확인할 수 있다.
		2. 반죽형 반죽하기	1. 반죽형 반죽제조 시 제품별로 배합표에 따라 재료를 확인할 수 있다. 2. 반죽형 반죽제조 시 재료의 특성에 따라 전처리를 할 수 있다. 3. 반죽형 반죽제조 시 작업지시서에 따라 해당제품의 반죽을 할 수 있다. 4. 반죽형 반죽제조 시 작업지시서에 따라 반죽온도, 재료온도, 비중 등을 관리할 수 있다.
		3. 거품형 반죽하기	1. 거품형 반죽제조 시 제품별로 배합표에 따라 재료를 확인할 수 있다. 2. 거품형 반죽제조 시 재료의 특성에 따라 전처리를 할 수 있다. 3. 거품형 반죽제조 시 작업지시서에 따라 해당 제품의 반죽을 할 수 있다. 4. 거품형 반죽제조 시 작업지시서에 따라 반죽온도, 재료온도, 비중 등을 관리할 수 있다.

실기 과목명	주요항목	세부항목	세세항목
제과 실무		4. 퍼프 페이스트리 반죽하기	1. 퍼프 페이스트리 반죽제조 시 제품별로 배합표에 따라 재료를 확인할 수 있다. 2. 퍼프 페이스트리 반죽제조 시 작업지시서에 따라 전처리를 할 수 있다. 3. 퍼프 페이스트리 반죽제조 시 작업지시서에 따라 반죽을 할 수 있다. 4. 퍼프 페이스트리 반죽제조 시 작업지시서에 따른 작업장온도, 유지온도, 반죽온도 등을 관리할 수 있다.
		5. 충전물 제조하기	1. 충전물 제조 시 작업지시서에 따라 재료를 확인할 수 있다. 2. 충전물 제조 시 재료의 특성에 따라 전처리를 할 수 있다. 3. 충전물 제조 시 작업지시서에 따라 해당 제품의 충전물을 만들 수 있다. 4. 충전물 제조 시 작업지시서의 규격에 따라 충전물의 품질을 점검할 수 있다.
		6. 다양한 반죽하기	1. 다양한 제품 반죽 시 제품별로 배합표에 따라 재료를 확인할 수 있다. 2. 다양한 제품 반죽 시 작업지시서에 따라 전처리를 할 수 있다. 3. 다양한 제품 반죽 시 작업지시서에 따라 반죽을 할 수 있다. 4. 다양한 제품 반죽 시 작업지시서의 규격에 따른 해당 제품 반죽의 품질을 점검할 수 있다.
	2. 과자류제품 반죽정형	1. 분할 팬닝하기	1. 분할 팬닝 시 제품에 따른 팬, 종이 등 필요기구를 사전에 준비할 수 있다. 2. 분할 팬닝 시 작업지시서의 분할방법에 따라 반죽양을 조절할 수 있다. 3. 분할 팬닝 시 작업지시서에 따라 해당제품의 분할 팬닝을 할 수 있다. 4. 분할 팬닝 시 작업지시서에 따른 적정여부를 확인할 수 있다.
		2. 쿠키류 성형하기	1. 쿠키류 성형 시 작업지시서에 따라 정형에 필요한 기구, 설비를 준비할 수 있다. 2. 쿠키류 성형 시 작업지시서에 따라 정형방법을 결정할 수 있다. 3. 쿠키류 성형 시 제품의 특성에 따라 분할하여 정형할 수 있다. 4. 쿠키류 성형 시 작업지시서의 규격 여부에 따라 정형 결과를 확인할 수 있다.

실기 과목명	주요항목	세부항목	세세항목
제과 실무		3. 퍼프 페이스트리 성형하기	1. 퍼프 페이스트리 성형 시 작업지시서에 따라 정형에 필요한 기구, 설비를 준비할 수 있다. 2. 퍼프 페이스트리 성형 시 작업지시서에 따라 반죽상태에 따른 정형방법을 결정할 수 있다. 3. 퍼프 페이스트리 성형 시 제품의 특성에 따라 분할하여 정형할 수 있다. 4. 퍼프 페이스트리 성형 시 작업지시서의 규격 여부에 따라 정형결과를 확인할 수 있다.
		4. 다양한 성형하기	1. 다양한 제품 성형 시 작업지시서에 따라 정형에 필요한 기구, 설비를 준비할 수 있다. 2. 다양한 제품 성형 시 작업지시서에 따라 정형 방법을 결정할 수 있다. 3. 다양한 제품 성형 시 제품의 특성에 따라 분할, 정형할 수 있다. 4. 다양한 제품 성형 시 작업지시서의 규격 여부에 따라 정형 결과를 확인할 수 있다.
	3. 과자류제품 반죽익힘	1. 반죽 굽기	1. 굽기 시 작업지시서에 따라 오븐의 종류를 선택할 수 있다. 2. 굽기 시 작업지시서에 따라 오븐 온도, 시간, 습도 등을 설정할 수 있다. 3. 굽기 시 제품특성에 따라 오븐 온도, 시간, 습도 등에 대한 굽기관리를 할 수 있다. 4. 굽기 완료 시 작업지시서에 따라 적합하게 구워졌는지 확인할 수 있다.
		2. 반죽 튀기기	1. 튀기기 시 작업지시서에 따라 튀김류의 품질, 온도, 양 등을 맞출 수 있다. 2. 튀기기 시 작업지시서에 따라 양면이 고른 색상을 갖고 익도록 튀길 수 있다. 3. 튀기기 시 제품 특성에 따라 제품이 서로 붙거나 기름을 지나치게 흡수되지 않도록 튀김 관리를 할 수 있다. 4. 튀김 완료 시 작업지시서에 따라 적합하게 튀겨졌는지 확인할 수 있다.
		3. 반죽 찌기	1. 찌기 시 작업지시서에 따라 찜기의 종류를 선택할 수 있다. 2. 찌기 시 작업지시서에 따라 스팀 온도, 시간, 압력 등을 설정할 수 있다. 3. 찌기 시 제품특성에 따라 스팀 온도, 시간, 압력 등에 대한 찌기관리를 할 수 있다. 4. 찌기 완료 시 작업지시서에 따라 적합하게 익었는지 확인할 수 있나.

실기 과목명	주요항목	세부항목	세세항목
제과 실무	4. 과자류제품 포장	1. 과자류제품 냉각하기	1. 제품 냉각 시 작업지시서에 따라 냉각방법을 선택할 수 있다. 2. 제품 냉각 시 작업지시서에 따라 냉각환경을 설정할 수 있다. 3. 제품 냉각 시 설정된 냉각환경에 따라 냉각할 수 있다. 4. 제품 냉각 시 작업지시서에 따라 적합하게 냉각되었는지 확인할 수 있다.
		2. 과자류제품 장식하기	1. 제품 장식 시 제품의 특성에 따라 장식물, 장식 방법을 선택할 수 있다. 2. 제품 장식 시 장식 방법에 따라 장식조건을 설정할 수 있다. 3. 제품 장식 시 설정된 장식조건에 따라 장식할 수 있다. 4. 제품 장식 시 제품의 특성에 적합하게 장식되었는지 확인할 수 있다.
		3. 과자류제품 포장하기	1. 제품 포장 시 제품의 특성에 따라 포장방법을 선택할 수 있다. 2. 제품 포장 시 포장방법에 따라 포장재를 결정할 수 있다. 3. 제품 포장 시 선택된 포장방법에 따라 포장할 수 있다. 4. 제품 포장 시 제품의 특성에 적합하게 포장되었는지 확인할 수 있다. 5. 제품 포장 시 제품의 유통기한, 생산일자를 표기할 수 있다.
	5. 과자류제품 저장유통	1. 과자류제품 실온냉장 저장하기	1. 실온 및 냉장보관 재료와 완제품의 저장 시 위생안전 기준에 따라 생물학적, 화학적, 물리적 위해요소를 제거할 수 있다. 2. 실온 및 냉장보관 재료와 완제품의 저장 시 관리기준에 따라 온도와 습도를 관리할 수 있다. 3. 실온 및 냉장보관 재료의 사용 시 선입선출 기준에 따라 관리할 수 있다. 4. 실온 및 냉장보관 재료와 완제품의 저장 시 작업편의성을 고려하여 정리 정돈할 수 있다.
		2. 과자류제품 냉동 저장하기	1. 냉동보관 재료, 반제품, 완제품의 저장 시 위생안전 기준에 따라 생물학적, 화학적, 물리적 위해요소를 제거할 수 있다. 2. 냉동보관 재료, 반제품, 완제품의 저장 시 관리기준에 따라 온도와 습도를 관리할 수 있다. 3. 냉동보관 재료의 사용 시 선입선출 기준에 따라 관리할 수 있다. 4. 냉동보관 재료, 반제품, 완제품의 저장 시 작업 편의성을 고려하여 정리 정돈할 수 있다.

실기 과목명	주요항목	세부항목	세세항목
제과 실무		3. 과자류제품 유통하기	1. 제품 유통 시 식품위생 법규에 따라 안전한 유통기간 설정 및 적정한 표시를 할 수 있다. 2. 제품 유통을 위한 포장 시 포장기준에 따라 파손 및 오염이 되지 않도록 포장할 수 있다. 3. 제품 유통 시 관리 온도기준에 따라 적정한 온도를 설정할 수 있다. 4. 제품 공급 시 배송조건을 고려하여 고객이 원하는 시간에 맞춰 제공할 수 있다.
	6. 과자류제품 위생안전관리	1. 개인 위생안전관리하기	1. 식품위생법에 준해서 개인위생안전관리 지침서를 만들 수 있다. 2. 식품위생법에 준한 작업복, 복장, 개인건강, 개인위생 등을 관리할 수 있다. 3. 식품위생법에 준한 개인위생으로 발생하는 교차오염 등을 관리할 수 있다. 4. 식중독의 발생 요인과 증상 및 대처방법에 따라 개인위생에 대하여 점검 관리할 수 있다.
		2. 환경 위생안전관리하기	1. 작업환경 위생안전관리 시 식품위생법규에 따라 작업환경 위생안전관리 지침서를 작성할 수 있다. 2. 작업환경 위생안전관리 시 지침서에 따라 작업장 주변 정리 정돈 및 소독 등을 관리 점검할 수 있다. 3. 작업환경 위생안전관리 시 지침서에 따라 제품을 제조하는 작업장 및 매장의 온·습도관리를 통하여 미생물 오염원인, 안전위해요소 등을 제거할 수 있다. 4. 작업환경 위생안전관리 시 지침서에 따라 방충, 방서, 안전관리를 할 수 있다. 5. 작업환경 위생안전관리 시 지침서에 따라 작업장 주변 환경을 관리할 수 있다.
		3. 기기 안전관리하기	1. 기기관리 시 내부안전규정에 따라 기기관리 지침서를 작성할 수 있다. 2. 기기관리 시 지침서에 따라 기자재를 관리 할 수 있다. 3. 기기관리 시 지침서에 따라 소도구를 관리 할 수 있다. 4. 기기관리 시 지침서에 따라 설비를 관리 할 수 있다.
		4. 공정 안전관리하기	1. 공정관리 시 내부공정관리규정에 따라 공정관리 지침서를 작성할 수 있다. 2. 공정관리 지침서에 따라 제품설명서를 작성할 수 있다. 3. 공정관리 지침서에 따라 제빵공정도 및 작업장 평면도 등 공정흐름도를 작성할 수 있다.

실기 과목명	주요항목	세부항목	세세항목
제과 실무			4. 공정관리 지침서에 따라 제과공정별 생물학적, 화학적, 물리적 위해요소를 도출할 수 있다. 5. 공정관리 지침서에 따라 제과공정별 중요관리점을 도출할 수 있다. 6. 공정관리 지침서에 따라 굽기, 냉각 등 공정에 대해 한계 기준, 모니터링, 개선조치 등이 포함된 관리계획을 작성할 수 있다. 7. 공정별로 작성된 관리계획에 따라 굽기, 냉각 등 공정을 관리할 수 있다. 8. 공정관리 한계 기준 이탈 시 적절한 개선조치를 취할 수 있다.
	7. 과자류제품 생산작업 준비	1. 개인위생 점검하기	1. 위생복 착용지침서에 따라 위생복을 착용할 수 있다. 2. 두발, 손톱, 손을 청결하게 할 수 있다. 3. 목걸이, 반지, 귀걸이, 시계를 착용할 수 없다.
		2. 작업환경 점검하기	1. 작업실 바닥을 수분이 없이 청결하게 할 수 있다. 2. 작업대를 청결하게 할 수 있다. 3. 작업실의 창문의 청결 상태를 점검할 수 있다.
		3. 기기 · 도구 점검하기	1. 작업지시서에 따라 사용할 믹서를 청결히 준비할 수 있다. 2. 작업지시서에 따라 사용할 도구를 준비할 수 있다. 3. 작업지시서에 따라 사용할 팬을 준비할 수 있다. 4. 작업지시서에 따라 오븐을 예열할 수 있다.